|方法篇|

锻造地头力

用20个思维实验实现认知升级

[日] 北村良子 著

时秋　陶思瑜 译

人民东方出版传媒
People's Oriental Publishing & Media
东方出版社
The Oriental Press

图书在版编目（CIP）数据

锻造地头力：用 20 个思维实验实现认知升级 /（日）北村良子 著；时秋，陶思瑜 译. —北京：东方出版社，2023. 1
ISBN 978-7-5207-3024-2

Ⅰ. ①锻… Ⅱ. ①北… ②时… ③陶… Ⅲ. ①思维方法 Ⅳ. ①B804

中国版本图书馆 CIP 数据核字（2022）第 195216 号

ICHINICHI ICHIMON！
OMOSHIROI HODO DIATAMARYOKU GA TSUKU SHIKOUJIKKEN
Copyright © 2018 by Ryoko KITAMURA
Interior Illustrations by Sasameyuki
All rights reserved.
First original Japanese edition published by PHP Institute, Inc., Japan.
Simplified Chinese translation rights arranged with PHP Institute, Inc.
through Hanhe International (HK) Co., Ltd.

本书中文简体字版权由汉和国际（香港）有限公司代理
中文简体字版专有权属东方出版社
著作权合同登记号 图字：01-2021-1863 号

锻造地头力：用 20 个思维实验实现认知升级
（DUANZAO DITOULI：YONG 20 GE SIWEI SHIYAN SHIXIAN RENZHI SHENGJI）

作　　者：[日] 北村良子
译　　者：时　秋　陶思瑜
责任编辑：钱慧春
出　　版：东方出版社
发　　行：人民东方出版传媒有限公司
地　　址：北京市东城区朝阳门内大街 166 号
邮　　编：100010
印　　刷：北京文昌阁彩色印刷有限责任公司
版　　次：2023 年 1 月第 1 版
印　　次：2023 年 1 月第 1 次印刷
开　　本：787 毫米×1092 毫米　1/32
印　　张：7. 25
字　　数：107 千字
书　　号：ISBN 978-7-5207-3024-2
定　　价：59. 00 元
发行电话：(010) 85924663　85924644　85924641

出版者的话

为提升解决实际问题的能力，锻造正确而高效的决策执行能力，我社特别推出"锻造地头力"书系。目前已出版《锻造地头力（漫画版）》一书，它以漫画的形式，讲述了主人公川口美玲通过锻造地头力，从设计师逆袭为核心业务负责人的故事。

"地头力"原本是日语词，因中文没有对应的表达，故沿用日语的汉语说法。

通俗来讲，地头力就是一种能直击要害且高效解决问题的思维模式和能力。与在学校学习就能掌握的知识不同，在某种程度上，它是指大脑的灵活程度，涵盖了思考的速度、逻辑的缜密程度、发散思维能力以及沟通能力等方面。

按照"地头力"方面的专家细谷功的阐释，地头力是指不一味依赖知识的灌输，而运用自己现有知识进行思考的具有普遍适用性的思维能力。在处理具体工作时，利用好"地头力"的三种思维模式，即抽象化思维、框架思维和假设思维，就能从根本上提高效率。实际上，地头力是可以通过锻炼来提高的。

锻炼地头力的第一步，就是思维训练，即突破思维定势，培养多角度思考习惯。本书收录了为思维训练"量身定做"的20个思维实验，它们涉及法学、社会学、逻辑学等学科的知识，有趣又"烧脑"，更耐人寻味。

本书是重点关注如何锻炼系统思维能力的一部作品。比如，书中抛出"你会与AI人谈恋爱吗"这一开放性话题。作者从不同的角度入手，给出了三个截然不同的观点，并分别就其逻辑和合理性进行深入探讨。读者可以用这些观点对比自己的想法，从而打开思考维度，提升思考的深度。

本书的思维实验意在起到抛砖引玉的作用。如果读者能通过阅读本书，在工作和生活中养成主动多角度思考、深度思考的习惯，实现认知升级锻造了地头力，就达到了我社出版本书系的初衷。

东方出版社编辑部

前　言

　　AI 能够爱上人类吗？自己是存在于大脑之中，还是存在于身体之中？如果要牺牲某个人，你会选谁呢？

　　被问到这些问题，你会如何回答呢？本书中的问题都不止一个答案。本书的目的是锻炼你的"地头力"，让你无论遇到任何问题，都可以找到答案。

　　针对这些问题，本书提供了从各种角度思考后得出的意见及理由。请尝试思考一下：这些意见中，有与自己的观点相似的吗，为什么觉得这个意见与自己的想法不一样呢？

　　了解与自己不同的思考方式，对大脑的锻炼也是非常有益的。请务必保持"还可以这样思考""虽然自己不会这么思考，但这样的思考方式值得借鉴"的心态来阅读本书。通过思维训练，您的思维世界将无限扩大。

由于本书网罗了关于未来、关于死亡与生命、关于自己等可以从多个角度来进行思考的问题，因此可以通过思维训练，培养大脑对同一问题进行多角度思考的能力，或者就某个问题进行深入思考的能力。

本书最大的特点如下：

·在大脑中进行"思维实验"。思维实验无须工具，随时随地都可以享受其中的乐趣。

·思维实验不依赖学校教授的知识，而是凭借自己原有的大脑来思考，进而找到答案。

·思维实验可以锻炼和培养人的发散思维能力、多角度看问题的能力和逻辑思考能力等。

通过本书，获得你原有的思维能力——地头力。

目录

第2章
不可思议的『自己』

第4章

『不合理』的人类思考

第5章

最后的难题

v

第1章

未来充满乐趣

锻造地头力的思维实验

AI 与感情
AI 能够爱上人类吗？

时间来到 3021 年。人工智能完成了显著的进化，人类创造出了与人类高度相似的"AI 人"。AI 人不仅从外表看是人，它们的谈吐举止也都与人类极为相似。AI 人还可以像人类一样会客、工作、创作，甚至成长。即使 AI 人在人事部门工作，人类也不会察觉到那是 AI 人；即使被 AI 人上司训斥，受到 AI 人同事的鼓励，人类也不会察觉到它们都是 AI 人。

虽然与人类高度相似，但 AI 人与人类之间还是存在着一定的差异。毋庸赘言，AI 人的躯体由机械、不同于人体的部件组装而成，大脑也是由程序来运行管理的，这些都与人类不一样。因此，AI 人没有人类那样的情感。虽然 AI 人看到美丽的风景也会流泪，但并非像人类一样是因为感动而流泪，而是因为"看到美丽风景就流泪"的程序发出了指令，所以 AI 人才会落泪。人类遇到有趣的场景会发笑，还能表达愤怒、悲伤、开心、喜欢等情绪。虽然 AI 人在尝到美食时也会像人类一样大呼"好吃"，但在它们的大脑里，这只不过是机械地按照程序的指令完成的动作而已。虽然 AI 人也能生育子女，但是需要人类的干预。

当得知自己的恋人是 AI 人时，你会怎么办呢？假设对方的性格设定是你的理想型，甚至让你觉得没有比它更完美的人了。即便再完美无缺，你的恋人毕竟是 AI 人，它对你的爱不过是基于程序指令的机械反应而已，它根本没有人类一样的感情。

观点 1

> 如果是我，我会选择分手。虽说 AI 人与人类高度相似，但对方并不爱我。我的爱是单方面的，对方什么都不懂，所以我们之间并不存在恋爱关系。

像观点 1 一样，认为这种爱情是单方面的观点，可以说是合情合理的。假设 AI 人说"我爱你"。在这种情况下，可以认为是控制 AI 人的程序将"恋人"设定为你了。然后，AI 人会扮演该程序基于庞大的数据设定的恋人形象，完美地模仿人类。其完成度之高，在任何人看来都与真实的人类恋人别无二致。它们既能感受到内心的激动雀跃，也会因为你的离去而失魂落魄。问题在于 AI 人的这些行为表现都是程序指令发出的机械动作。

请思考这样一个问题：眼前摆放着最喜欢的巧克力蛋糕，对此，人类和 AI 人的反应有何差别呢？

人类

· 眼前放着自己最喜欢的巧克力蛋糕
　　　↓
· 身体出现生理性反应，口腔分泌唾液
　　　↓
· 尝一口会觉得很美味，脸上露出笑容

AI 人

· 眼前放着被程序设定为最喜欢的巧克力蛋糕
　　　↓
· 作出机械反应，口腔里会出现唾液
　　　↓
· 将巧克力蛋糕放入口中后，经程序分析得出这是可口的食物，于是脸上做出笑的表情

　　无论 AI 人看上去与人类多么相似，只要查看其大脑内部的构造，就会发现 AI 人只是基于大数据或者程序对事物作出反应罢了，与人类完全不同。不难发现，AI 人对事物的反应是根据下面所示的算法（解决问题的步骤、方法）进行的。即使 AI 人外表与人类毫无差别，但因为其内部构造与人类并不相同，所以 AI 人的行为表现无疑是根据程序下达的指令而作出的机械反应而已，而非其真实情感的流露。

AI 人的巧克力蛋糕算法

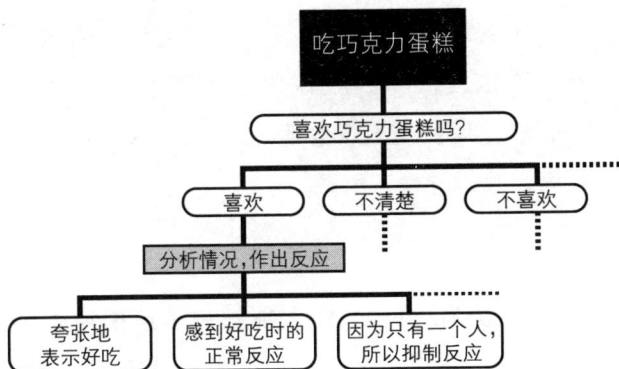

如果你的恋人是 AI 人，其表现必然与人类的表现存在一定差异。因为人是根据感情产生反应的，而 AI 人则是基于算法作出反应的。这样的反应不能称为两情相悦。观点①的"分手"选项具有现实性。这不是歧视 AI 人，准确地说，是因为 AI 人的内部构造与人类大脑的构造不同，很多时候彼此之间无法理解，所以就只剩下分手这个选项了。

由于 AI 人只是按照程序指令作出反应，因而无法与人类实现真正意义上的互相理解，所以爱是不成立的❓

思考

如果 AI 人可以扮演人类完美到让人无法察觉的程度，那么我认为也可以将其视为"人类"。即便有人严格地说 AI 人与人类并不相同，我也觉得无所谓。

本观点认为，只要 AI 人能够完美地扮演人类，那么就可以将其视为人类。如果无论从哪方面表现来看 AI 人都是人类的话，那么的确可以将 AI 人视为人类。反正没人说别人也不知道。即使知道了，无论怎么与之交谈也察觉不出异样，那它真的是 AI 人吗？不过，你真的能够与 AI 人培养爱情吗？你能忍受对方根本不爱自己吗？

人类很擅长将事物拟人化。举例来说，下面这个正方形的图形里有圆形、六边形和三角形。你觉得它像不像一张人类的脸？

当然，这绝对不是人类的脸。虽说这只是一个正方形里放了圆形、六边形和三角形，但肯定还是会有人将其看成是人的脸。因为在他们看来，那个三角形怎么看都像是人的嘴巴。这就是人类大脑的

习惯，我们对此无能为力。人类甚至还会对图像产
生感情。

将长得像脸的事物全都能看成是脸。

只要有一次将其看成是两只眼睛和一张
嘴，此后就会一直把它当成一张脸了。

人类会迅速编故事。

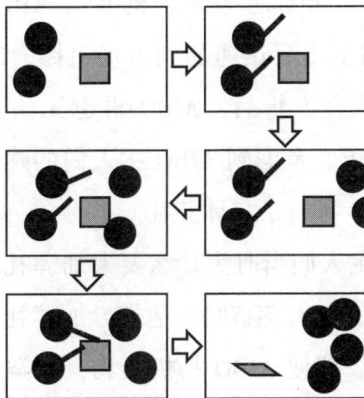

"●"成群结伙欺负"■"。
在"■"倒下后，四个"●"就离开了。

读者可能会觉得上面"故事"中的"■"很可怜，认为"●"是坏人，而"■"是受害者。实际上只是图形的位置在不断发生变化而已，我们却总是能据此编造出一个故事，单方面地制造出情感来。既然我们对图形都能产生感情，那么对玩偶、机器人就更容易产生感情了。现在，具有极高性能的机器狗被当作宠物售卖。人们已经不再奇怪会有人喜欢、疼爱机器狗了。无论宠物是机器狗还是真正的狗，对于主人来说都不再是问题，会无差别地疼爱它。

　　说到机器狗，估计会有很多人想到 AIBO（后更名为 aibo，并于 2017 年发售新机型）。AIBO 在 1999年由索尼公司推出后迅速受到市场追捧。2014 年索尼公司停止了官方售后，AIBO 再也无法获得维修（治疗）服务了。考虑到 AIBO 主人们的感受，据说商家还为 AIBO 举行了集体葬礼。

　　AIBO 的主人们当时为什么要参加葬礼呢？难道不是因为对 AIBO 有感情吗？他们参加葬礼是想祭奠AIBO 的灵魂。即便 AIBO 是机器狗，人类也想祭奠其灵魂。由此可以看出，人类的想象力和情感有时与对方是否有感情并无关系。

虽然 AI 人没有人类的感情，但是因为其行为举止与人类高度相似，所以人类很容易从 AI 人身上感受到"感情"。既然人类从物体上都能感受到感情，那么即使知道 AI 人没有人类一样的感情，估计人类也会逐渐忽视这一事实。因为"即使它那种反应行为里没有感情，但是它作出了反应这一事实并不是假的"。在不知不觉中接受并认可 AI 人，与之继续相处下去，这对于人类来说并非难事。

☞ 思考　人类甚至可以从物体上感受到情感。因此，尽管 AI 人并不爱我们，但是我们也能够爱它们？

观点 3

虽然 AI 人的行为反应不过是程序的指令使然，但其实也可以将这种行为反应称为"感情"。换句话说，即使 AI 人没有人类的感情，也可以拥有"AI 人的感情"。如此一来，AI 人可以用 AI 人的方式去爱人类，那么这种 AI 人与人类的恋爱就是可行的。

与观点 2 不同，观点 3 认为，可以不用"人类"的方式而是用"AI 人"的方式来培育爱情。在动漫、电视剧中，经常会出现不是人类却和人类形态一样的人物角色。它们或是精灵，或是魔族，或是妖精，或是小矮人等非人类的种族。除了外表形象，它们在其他方面几乎跟人类一模一样。尽管思维方式与人类不一样，但它们的行为举止与人类十分相似，有时还会出现人类与它们互相爱慕的情节。那种相爱的感情就像发生在人与人之间的恋爱一样。

为什么我们会觉得那些非人类的人物角色比 AI 人更加自然呢？因为这些角色拥有"感情"。正是因为动漫、电视剧中出现的"其他种族"拥有与人类相通的情感，所以人类可以努力理解它们的情感。然而，换作是 AI 人的话，即使人类想要去了解它们的"感情"，也会因为所谓的"感情"根本就不存在而无计可施。

不过，AI 人真的没有"感情"吗？明明它们在悲伤时也会流泪，在高兴时也会露出笑容，能说它们没有感情吗？归根到底，人类的大脑是因为有电流信号往来于细胞之间，才得以进行思考的。由于感情来自脑电波的交互作用，所以也可以将其视作一种物质。这么一想，人类与 AI 人并没有多大差别。AI 人的大脑里也是数据在交互作用，从而作出符合 AI 人个体的某种反应行为。如果将 AI 人当作其他种族的生物，那么它们就拥有了不同于人类的感情。由此，我们可以认为，它们拥有属于自己的感情。

思考　AI 人有着不同于我们人类的"感情"。我们能够爱上拥有"另一种感情"的 AI 人吗？

关于社会与 AI 人

前面三种意见，哪个观点最接近你的想法？接下来，我们要进一步就社会与 AI 人展开思考。

发散思维案例 1

假设你身边有 AI 人，你是什么感觉？如果这些 AI 人是你的家人、同事、朋友、邻居、心理咨询师等，你又是什么感觉呢？

如果自己的家人是 AI 人，也许很多人会感到空虚。因为平日里一起烦恼、大笑、落泪的那份感情，并没有与家人实现真正的共享。人类会觉得，AI 人的那些眼泪是假的。即便不是有意为之，心里也会对 AI 人产生距离。

留宿酒店时，如果酒店服务员是 AI 人，人类对此似乎并不会有多少抵触情绪，甚至还可能希望有优秀的 AI 人来为自己服务。实际上，在工作中只要能够圆满地完成任务，不管是人类还是 AI 人，都是无关紧要的。

如果 AI 人是咨询的对象又会怎样呢？在心理咨询师、医生、护士等职业中，与咨询对象产生情感上的"共鸣"是很重要的。如果仅仅是例行公事地完成工作任务，即便能提供正确的诊疗方案，可要想真正消除病人内心的恐惧与不安，靠的还是与病人产生情感上的"共鸣"。虽然 AI 人也会说"那实在是很严重呀""没关系的"，人类却会觉得，AI 人不过是站着说话不腰疼罢了。因为 AI 人并不具有人类的感情，所以它们无法与人类产生情感共鸣。如果人类发现自己并未与 AI 人产生情感共鸣，就会感到落寞。如果你身边有 AI 人的话，那么你内心的真实想法或许是，希望它们尽量不要与自己的私生活产生关联。

> **发散思维案例 2**
>
> 当 AI 人变成社会上理所当然的存在时，你作何评价？

目前，有部分人认为，到 2045 年时，将会出现人工智能超越人类的技术奇点。届时，人工智能将超越人类智力。在那之后，人工智能的发展很可能大大超出人类的想象。人工智能制造出来的各种类型的人工智能，会让社会变得更好吗？或者说，人工智能会团结起来驱逐人类吗？原本存在于故事中的 AI 人，会逐渐渗透到人类社会中去吗？成为 AI 人的人工智能会理所当然地谋求属于它们的"人权"，希望过上与人类一样的生活。这样的日子会不会真的到来？

或许有人会觉得，思考那些不知道会不会发生的事情是毫无意义的。然而，那些留下了大量发明的伟人和追寻宇宙奥秘的物理学家们每天思考、探寻的问题，岂止是不确定能不能实现的，有的甚至连有没有答案都不确定。迄今为止的历史证明了这种思维会促使世界不断发展。

思维实验与心理准备

AI 人可以说是通过思维实验率先懂得思考意义的一个显而易见的例子。对于难以预测的事情，有一定的思想准备总归是好的。比如，因为可能下雨，所以要带上雨伞。形成了这样的习惯，就能冷静地面对那些始料未及的事情。

　　因为已经对"始料未及"做好了心理准备，所以当意外情况真正发生时，由此产生的信息流已经有一部分被抵消掉了。人之所以会惊慌失措，是因为大脑无法在短时间内处理庞大的信息流。让大脑事先进行思考，这是不需要任何辅助工具就可以完成的事情。在闲暇时，一边看书，一边放飞思绪，养成思考的习惯，拓宽思考的广度，对于培养思考力是非常有益的。类似于 AI 人，还存在"哲学僵尸"这种东西。哲学僵尸是思维实验中一个很有名的例子，在此我们作一些简单的介绍。

哲学僵尸与感受质

　　澳大利亚哲学家大卫·查莫斯将仅仅失去感受质的人称作"哲学僵尸"。提到僵尸，人们往往会联想到电影等艺术作品中出现的那种僵尸，但是我们这里所说的僵尸与之完全不同。不妨将其单纯地理解成一个称呼，这样更便于理解。

　　所谓感受质，指内省（主观）经验。比如我们看到苹果会觉得好吃，看到湛蓝的天空会感到清爽。

感受质就是指这些主观的感受。有些东西虽然我们能够感受得到，但是其他人感受不到。比如，A 先生现在将 AI 店的泡芙放进了嘴里，并且形容其味道是奶油甜度适中，非常好吃。你听到后，也去买了那家 AI 店的泡芙来吃，却觉得好吃是好吃，但太甜了。这时，你会产生"今天 AI 店的泡芙变得比昨天的泡芙更甜了"这样的想法吗？估计你不会这么想，而是会认为 A 先生可能不觉得泡芙很甜。虽然大家吃的是一样的泡芙，但感受却因人而异。这种"感觉"就称为感受质。

即使有美食记者对食物味道进行了说明，但是不亲口品尝的话，还是不知其味。感受质是一种只可意会不可言传的东西，那种感觉是自己独有的源自五感的经验。

哲学僵尸是缺少感受质的人，因此他们与人类的区别就在于是否拥有感受质。吃了泡芙后觉得好吃并回答"好吃"的是人类。吃了泡芙后，像 AI 人一样判断"人类吃到泡芙时会作出这样的反应"并回答"好吃"的则是哲学僵尸。

因此一般人根本无法区分哲学僵尸与人类。哲哪怕是吃同样的东西，感觉也会因人而异。

即使经历同样的事情，其内省经验的感受质也是各不相同的。

学僵尸与 AI 人一样，通过处理信息作出与一般人完全一样的反应。由于哲学僵尸与 AI 人不同，其本身还是人类，所以无论哲学僵尸接受何种检测，或是对其身体的任一部位进行分析，也找不出其与人类的差别。即便我们怀疑除自己以外的人都是哲学僵尸，也没有办法进行检查和确认。如果将这个思维实验中的 AI 人全都换成哲学僵尸再来思考，说不定会发现一些有趣的现象。

安全与隐私，孰轻孰重？

　　电视上转播了某国一位政府高官召开政策发布会的现场。高官说："安全社会即将成为现实。国家情报机构认为，借助 AI 的力量能构建最安全的社会，只需要 24 小时监控所有国民即可。这仅靠人类的肉眼是难以实现的，所以我们将最大限度地利用 AI 的力量。所有人的 24 小时都将作为生动的影像被记录下来。

　　"政府将为每个人配备一台专属航拍飞行器，无论人们是在室外还是家中，无论是在任何地方，都会受到专属航拍飞行器的监控。专属航拍飞行器会悬浮在人们头顶，飞行器上的微型摄像头将不断地变换角度，以确保能捕捉到被监控者的影像。另外，当航拍飞行器感知到人群突然聚集或者四散逃窜、发出尖叫等异常情况时，AI 将迅速作出反应，启动通知人类监控员进行查看等一系列程序。

　　"监控全体国民完全是为了保障国民安全。今后，人口失踪或其他各类事件、事故等都将成为历史。监控在打击犯罪方面也将发挥巨大的作用，社会安全指数将实现飞跃式上升。此外，如果 AI 判断被监控者的动作行为明显异常，或者超过一定时间没有活动，它将自动呼叫救护车。这既可以有效预防老人孤独死亡，也可以让其不在身边的家人放心。

"没有比这更安全的社会了。监控全社会是确保国民安全的最佳办法。完美的世界将马上成为现实。请大家热烈欢迎保护我们的监控小精灵。"

你期待这种安全的监控社会吗？

观点 1

反对。因为无法忍受隐私权受到侵犯。在家放松休息时，哪怕是泡在浴缸里，也在被监控，这会让人精神持续紧张，没法得到休息。

请想象一下，头顶上方有个摄像头一直在监控你。无论是在家里，还是在车上，抑或是外出就餐，你一直都在被监控。连睡觉时也会受到监控，所以连你本人都不清楚的一些个人详细信息，全都会通过摄像头被收集起来。

因为是 24 小时连续不断的监控，所以从隐私权保护的视角来看，没有比这更残酷的了。正如观点 1 所说，因为家中的任何地方都被监控着，所以根本找不到可以安心休息的地方。家中那些不想被人看到的东西也全部都会暴露无遗。即使去户外散步，也会担心老是东张西望的话，可能会被盯上；即使是在家中，也不能随心所欲地上网冲浪。

这种全方位监控的优点在于，可以减少人们受犯罪活动、疾病的侵害，这当然是值得感谢的。然而，为了降低犯罪发生率和疾病突发率，让渡隐私权，肯定会引发大家对于监控意义的质疑。

如果摄像头发现被监控者卷入某犯罪案件中，AI 马上就会通知警察出动。当然，并不能保证警察能在被监控者身体受到严重伤害之前赶到现场。突发疾病时，如果自己或者家人能马上呼叫救护车，那么即使没有监控摄像头，救护车也会及时赶到。如此想来，我们就能理解全方位监控并不完全是为了保障国民的人身安全。

☞ 思考 侵犯隐私权的缺点要多于 24 小时被监控的优点❓

问题在于，全方位监控所带来的好处是否足以抵消隐私权受到侵犯的损失。如果不能抵消，那么对监控摄像头的不满就会越来越多。24 小时被监控能带来的好处，与其说是预防事故的发生，不如说是还原事件或事故的真相。比起监控当前发生的事情，"被监控的社会"在查明过去发生的事情时，可以发挥更重要的作用。

查明犯罪的全过程、分析因突发疾病而晕倒的监控会带来什么好处？

A　如果被监控，安全就能得到保障

B　只要被监控，就会留下记录

虽然B是肯定的，但是A呢？

人的发病过程等，就追寻事情发生的原因来说，监控的优势是无可替代的。监控记录让法院不再是控辩双方争辩的地方，而成为确认证据的场所。监控打击犯罪的效果非常值得期待。因为无论是多么缜密的"蓄谋性犯罪"，也无法做到万无一失。

犯罪案件的数量应该会大幅减少。不过，对于那些不在乎被抓的犯罪嫌疑人来说，监控摄像头不仅没有任何抑制效果，如果他们主动希望被录像的话，监控摄像头说不定还会起到相反的作用。

正如观点 1 所说，在这个思维实验中，争论的焦点在于将隐私权放到天平上时，需要获得多少安心和应该重视哪一边呢？

安全方面的好处才能超过隐私权被侵犯的损失。每个人的感觉各不相同，因此会出现各种意见。隐私权的保护和监控带来的好处，你会被哪一方吸引呢？

观点2

　　如果监控能够预防犯罪、应对突发疾病，那么我认为监控的优点多于缺点。保证安全与保护隐私权是无法兼顾的。如果要对两者进行取舍的话，我会选择安全。

在知道了安全与隐私权保护不能兼顾的情况下，优先选择安全。现在，街道上到处都安装监控摄像头，它们为警方破案提供了帮助。监控摄像头不仅记录犯罪现场，视野内的所有事物也都会被拍摄下来。监控摄像头的性能逐年优化，未来还有可能自动感知异常行为并进行追踪，即摄像头也可以察觉到犯罪迹象。如此一来，可以预见到，只要增加摄像头的数量，社会安全系数就会不断上升。

　　现在，我们试着将思维实验"被监控的社会"的假设条件替换为最大限度增加摄像头。那么，摄像头的数量是越多越好吗？媒体报道的"尸体被埋在山中……"这样令人心痛的新闻，应该会因为犯罪现场有摄像头而出现不同的结局。如果接着往下想的话，需要监控摄像头的地方数不胜数。增加监控摄像头的数量，安全性会明显提高。并且，曾经由人类负责的蹲点监视工作完全可以交给监控摄像头，由此也可以减少人工监控的成本。

　　然而，如果要增加监控摄像头，其安装、维护的成本当然也不容忽视。虽然人类的安全是至高无上的，但是客观来说，政府与国民不得不就增设摄像头产生的费用进行商讨。另外，还有隐私权的问题。监控摄像头的安装位置和摄像头的性能，有时可能会引发诉讼问题。如果安装在商店门口或房屋上的监控摄像头正好对着你家大门，你会作何感想？

这样一来，你和家人进出的场景全都会被拍摄下来。在这种情况下，你能做到对摄像头熟视无睹吗？事实上，各地都出现了有关此类问题的诉讼。只不过，在这个"被监控的社会"里，24 小时监控国民的机构是国家，并非某个特定的人。因此，在展开 24 小时监控时，可能并没有锁定你。国家应该也没有那个闲工夫。

在"被监控的社会"里，一旦发生紧急情况，人们只需要大声呼救，监控摄像头就会作出反应。此外，人们还可以通过特定的动作告知摄像头自己发生了危险情况，这会给人们带来极强的安全感。正如观点 2 所说，较之隐私权被侵犯，"被监控的社会"带来的好处更大。

☞ 24 小时被监控提高了安全性，因此受益更大？
思考

这个"安全的监控社会"真的安全吗？毋庸置疑，从预防犯罪、保障安全的角度来看，人身安全的确能够得到保障。不过，由于监控还具有其他方面的利用价值，所以不禁令人担心，一些看不见的伤害会不断增加。按照现在的情况来说，也不能完全认定安装监控摄像头是安全的。

　　正如观点 1、2 中指出的那样，由于所有的监控录像都被清晰地保存了下来，所以监控摄像头在帮助警察查明案件真相和抑制犯罪方面发挥了重要作用。然而，这些清晰的录像也可能被心怀叵测的人挪作他用。如果全国都处于监控之下，那么其庞大的数据作为一个巨大的宝藏，完全有可能被人大加利用。比如，通过道路监控，可以很容易地获得道路上的人流量数据，这就为道路建设提供了决策参考。建设者可以根据道路上的人流量情况，规划店铺选址、掌握店铺空置情况、制定道路治理计划等，可以利用监控信息来建设更好的社区。又如，通过监控数据，送货员可以提前知道收货人是否在家，从而减少不必要的上门送货次数。监控摄像头还可以快速找到迷路的阿尔茨海默病患者，这对于今后的人口老龄化社会也非常有益。

通过分析人类的动作，也许还可以完成其他各种事情，如协助开发新的便利产品、改善空调的控温性能等。比如，倘若用水过度，眼前就会出现节约用水的标志；如果在路上看中了别人身上的衣服，通过特定的动作，可以借助 AI 查询有关这件衣服的各种信息，然后将其加入自己的购物清单。此外，录像数据也可以在网上进行共享，某些可能激发你兴趣的信息会优先出现在网页上。有人可能会觉得，那就过犹不及了，世界会变得刻板枯燥。但是，我们也需要明白"具有现实可能性"的阶段就快到了。

👉 在一个被监控的社会里，由于信息存在被恶意
思考 利用的危险，所以隐藏着巨大的风险❓

无限的可能性意味着无限的危险性

如上文所述，监控社会暗藏着无限的可能性。然而，换一种说法，无限的可能性也意味着无限的危险性。持续处于监视之下，意味着在安全得到保障的同时，一些可能遭到犯罪分子恶意利用的信息也会被随意暴露出来。比如，如果小偷知道主人是否在家，就更容易实施入室盗窃。有了监控，想要知道别人的密码也不难，想要拦截目标人物也变得更加简单。

虽然"监控"的初衷并非如此，但伴随着 SNS（社交网络）的普及，人们正在不断被迫失去隐私。每个人都手持相机，随便拍了照片后又随意上传到 SNS 上。那些照片里有什么，什么是可以拍摄的，对此，你进行过深入的思考吗？另外，拍摄照片和上传照片规则的上限和底线分别是什么，你对此又知道多少呢？现实的情况是，大多数人采取行动时，依据的是模糊不清的标准，遵循的是模棱两可的道德规范。

此外，我们对 SNS 的发展也不见得有足够的认识。智能手机拍摄的照片里就自带拍摄地点的位置信息。如果直接将拍摄的照片上传到 SNS 上的话，会发生什么情况呢？实际上，大多数主流 SNS 平台都会自动删除照片所携带的地理位置等信息。

读到这里，如果你还是觉得"虽然我的确没有注意过，但是到底是大公司靠谱。还好，还好"的话，那就危险了。一味觉得反正"企业会帮忙处理掉对我们不利的东西"，然后就高枕无忧、不闻不问了，那么我们对"好像自己被人监视了"这种容易忽视的危机的警惕性就会逐渐降低。

发散思维案例 1

人类的行为可能会因为监控而发生变化。这对于那些原本不会实施犯罪行为的人来说，会造成难以估量的影响。你觉得监控会造成什么影响呢？

监控社会不仅会侵犯人的隐私权，还会对人们的心理造成深刻的影响。人们一旦意识到正在被监控，或许就会改变自己的行动。即便实际上并未受到监控，"可能正在被监视"的心理状态也会导致人们改变自己的行动。

一般认为，批判政治是一种高风险的行为。即使是开玩笑，人们也不会故意谈论可能会触犯法律的话题。由于监控系统可能会对"要是死了就好了"这样的话作出反应，所以即便是独处时，人们大概也不会说这样的话了。比如，浏览一下网络新闻上的评论栏，可以发现，那些涉及知名人士的新闻资讯评论栏里就充斥着许多让人不愉快的恶毒留言。如果改进评论栏系统的设计，公开显示评论发布者的照片和名字，那些恶毒留言估计都会销声匿迹吧。网络的匿名改变了人们的日常行为。

"被监控、被知晓"的意识会抑制人们的行动，让人们学会察言观色，对自我行为进行控制。人们所有的行为举止都被套上了"可能正在被监控"的滤镜，这个滤镜应该能有效抑制犯罪行为吧。然而，毋庸置疑的是，自由的言论和行动也都被套上了滤镜。

发散思维案例2

　　如果长时间受到监控，人会逐渐变得麻木。同时，人们自然而然也会摸清楚监控的感知界限，最终适应监控变成日常生活的一部分。
　　现在，日本的监控摄像头数量已经在逐步增加，你是如何看待这一现状的呢？

　　街上的摄像头在不知不觉中变多了。可我们为什么还是能若无其事地路过这些摄像头呢？是因为没有做亏心事，还是因为没有做违法犯罪的事？这些原因应该都不是，最有可能的是，"因为没怎么注意"。A 说："监控摄像头在不断增加，我们都被拍进去了呀。"B 说："听你这么一说，我也觉得被摄像头拍了。不过，你是不是想太多了？估计这些监控录像也没人看，最后还是会被删掉，没事的。"

　　然而，监控摄像头的性能在不断提高，只要愿意，完全可以清晰地拍摄人脸部分。在不久的将来，也许只需要你的一张照片，就可以借助遍布全国的摄像头，调查你在何时何地做了什么事情。就像消费税一样，监控会慢慢地渗透进你的生活。

习惯于被监控的社会

现在，我们购物时已经习惯了支付消费税。在收银台前，当发现所购商品价格"原来是含税价格"时，人们会有一种很划算的感觉。因为购物时支付消费税的观念已经在我们大脑中根深蒂固了。

在便利店等地方安装监控摄像头现在已经司空见惯了。不久以后，或许在私人住宅里安装监控摄像头，也会见怪不怪。虽然现在觉得那样的世界会很可怕，但是习惯会使感觉变得迟钝。

如果政府突然宣布"消费税上调到10%"，人们会觉得世界都要天翻地覆了，但是如果慢慢上调的话，人们就会接受现实："终于涨到10%了啊。"假设购物的预算是1000日元左右，人们会自然而然地选择购买900日元左右的东西。久而久之，人们会逐渐遗忘没有消费税时的感觉。

"被监控的社会"不断发展下去，人们就会逐渐习惯被监控，记住那些不会被监控感知的声音音量的大小，掌握那些不会被监控感知的聚集方式。慢慢地，这些都会成为人们的潜意识行为。如果监控成为日常，对于这样的社会，你作何感想呢？

时光穿梭机

如果改变过去，未来会变得更好吗？

　　人类终于可以穿越时空了。我们制造出了时空穿梭机。被称作时光穿梭机博士的长谷部新自豪地公布了自己研究团队的成果。用长谷部新的话来说，有了时光穿梭机之后，人类就可以自由地穿梭于过去与未来了。

　　有听众提问说："你们首先想拯救的是那些因为被卷入悲剧而丧生的伟人们吗？时代会变得更好吗？博士，这是有可能的，对吧？"长谷部新表示："可能吧。只要用时光穿梭机回到过去就行。不过请大家注意，时光穿梭机对目的地的定位可能出现偏差。比如原本是打算回到 1350 年的，却意外地回到了1349 年。"还有听众问道："历史上因为战争、独裁统治而造成的非人道行为也能被阻止吗？当今社会正在变得无可救药。"

　　时光穿梭机博士满足了听众们的期待，高调地宣布："时光穿梭机不仅会让现在变得更好，还会让过去和未来都变得更好。如果过去的错误可以改正重来，也许今后人们就不会再犯错误了。"

　　时光穿梭机真的会像博士所说，能让现在、过去和未来都变得更好吗？过去可以被改变吗？未来会成为美好的未来吗？如果时光穿梭机的设想变成现实，你会用它来做什么？请从不同的视角来思考时光穿梭机。

如果有了时光穿梭机，会发生什么呢？

过去　　　　　　　　　　现在　　　　　　　　　　将来

如果能回到过去，
可以做什么？
可以改变历史吗？
如果历史改变了，
现在的人会知道吗？

如果能穿越到未来，
可以做什么？
可以改变未来吗？
未来已经存在了吗？

从不同的视角来思考时空穿越，会发生什么呢？

观点 1

> 如果能够见到过去的自己，我对自己说，去考 B 大学吧，而不是 A 大学。当年犹豫不决的结果是没有考上 A 大学，复读一年后还是去了 B 大学。我要改变这个过去。当初如果考了 B 大学的话，就可以直接上大学，不用复读了。因此，我认为时光穿梭机可以通过改变过去让现在变得更好。

正如观点 1 所说，谁都有"当初要是这样的话多好"的后悔经历。如果能够回到那个时候，大家肯定有不止一两件事想要告诉当时的自己。

- 如果考 B 大学而不是 A 大学的话……
- 如果选择了别的职业的话……
- 如果放弃和那个人结婚的话……
- 如果那天关好了门窗的话……

诸如此类，每个人的人生中肯定都有被称为人生转折点的时候。如果有时光穿梭机，可以选择另一个选项的话，人生就会发生改变。但是，如果每个人都能随意改变自己的过去，那么现在就会陷入一片混乱。

同观点1一样，假如你参加了B大学的入学考试并成功被录取，那么就必然会有人取代你而落榜。对于那个人来说，事情就变成了"因为过去被改变了，所以现在变差了"。另外，还可能发生下面这样的事情：昨天还存在的公司，今天就没有了。貌似是创始人更改了过去，开始经营别的业务了。一直支持的偶像突然从电视上消失了。貌似是此人虽然想当偶像，但最后还是觉得做公司职员好，于是回到决定当偶像的那一年，成功说服当时的自己，放弃了当偶像的念头。

如果这样的事情成为日常，那么人类将无法相信任何事情。正是因为地球上的75亿人每天做出的无数决定，我们才有了现在这样的世界。倘若这个世界变成一个时刻都在发生变化的世界，我们将无法继续生活下去。

如果想用时光穿梭机回到过去来改变现在，那么我们应该对它的使用方法做出一些规定。比如，在有时光穿梭机出现的电影、动漫、游戏中，要么规定乘坐时光穿梭机的费用很高，要么规定不能改变时代发展，等等。通过各种设定，避免产生混乱。

时光穿梭机总是能吸引众人的目光，它在很多电影、动漫、游戏中都会出现。除了乘坐时光穿梭机，还有其他方式能够实现时空穿越。在虚构作品中，穿越时光的办法多种多样。比如，因为瞬间移动出现故障而突然穿越到了另外一个时代，出场人物拥有穿越时空的特殊能力等。在大多数情况下，时空穿越在故事创作中担负着重要任务，它使得"回到过去、改变现实"的奇迹得以实现。

在知名人气漫画《哆啦A梦》中，机器猫本来就是未来的机器人。如果没有时光穿梭机，机器猫就无法与大雄相遇。时空穿越的设想成为故事的主轴，支撑着整个故事。在长篇小说中，时光穿梭机的作用尤为重要，它使得"回到过去、改变现在"的故事得以顺利进行。

2016年的热门电影《你的名字。》虽然采用了一种奇特的方式连接时空，但其"回到过去、改变未来"的视角可以说是时空穿越在创作中最正统的使用方式。关于这一点，我们在后文中还会有所提及。

由此可见，时空穿越有多种多样的表现方式。因为时空穿越可以制造出一般故事中不会出现的意外情节，所以被频繁使用。你是否也曾幻想过穿越时空？

☞ 如果大家都可以随意改变"过去"，那么"现在"
思考 会出现大混乱吗❓

观点 2

> 大多数穿越时空的人，或者在某些情况下与之相关的人的未来，会因为时空穿越而发生改变。我每次都觉得这一点不太合理。

除了穿越时空、拯救世界的主人公及其同伴，其他人大多不知道世界在某个瞬间发生了变化。虽然"过去"被替换，"现在"的历史发生了改变，但是他们像什么事情都没发生过一样，被替换的过去似乎反倒成了原本的过去。这样一来，就出现了一个问题：为了改变"过去"，"现在"的事实就会发生无数改变。

比如说，很久很久以前，有一个叫阿松的人因病去世了。假设有人借助时光穿梭机，将现代成熟的医疗技术带到阿松生活的年代，治好了他的病。活下来的阿松之后又有了一个孩子。那么这个孩子，就是因为时光穿梭机改变了阿松的命运后而诞下的生命。

这个孩子又会有自己的孩子……现在世界上的确存在阿松的子孙们。阿松的后代人才辈出，既有担任首相的太郎，也有创作出大量热门歌曲的创作歌手阿董，还有成功当上实业家的耕太。那么，这些人是从什么时候开始存在于这个世界上的呢？在阿松因病去世的"原初世界"里，这些人本来是不存在的。

阿松的子孙们是从哪个瞬间开始存在于这个世界上的呢？在阿松因为时光穿梭机得救之前，太郎出任的那届首相原本是由谁担任的呢？阿董写的那些歌曲会直接"消失"吗？耕太创立的公司、公司里的职员及相关的公司又会怎么样呢？

从现在来看，在阿松因为手术得以生还的瞬间，首相就成了太郎，天后级创作歌手阿董就存在了，耕太创立的公司就已经广为人知了？如此一来，在阿松因病去世的情况下，取代太郎担任了首相的那

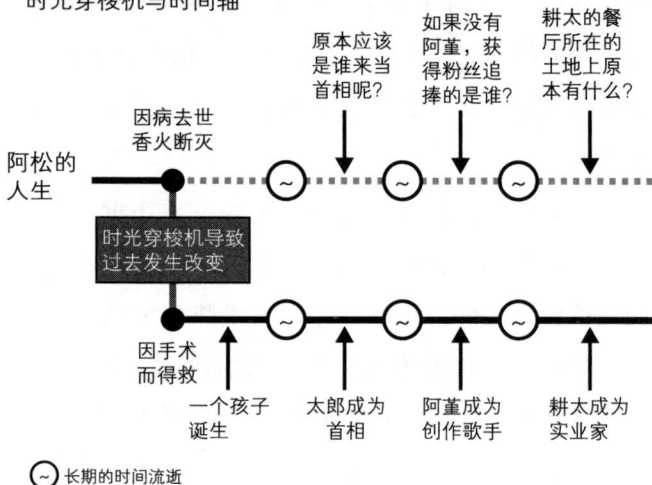

时光穿梭机与时间轴

原本应该是谁来当首相呢？

如果没有阿董，获得粉丝追捧的是谁？

耕太的餐厅所在的土地上原本有什么？

阿松的人生

因病去世香火断灭

时光穿梭机导致过去发生改变

因手术而得救

一个孩子诞生

太郎成为首相

阿董成为创作歌手

耕太成为实业家

〜 长期的时间流逝

个人，就会在阿松获救的瞬间，走上与首相经历无缘的人生道路？如果本来拥有超高人气的歌手没能比过因阿松获救而诞生的阿董，那这名歌手的记忆会在某一天突然被改变吗？粉丝的记忆呢？耕太作为实业家创立了各种公司，假设他在餐饮行业也开了很多连锁店。在阿松病逝的"原初世界"里，餐饮店所在的地方很可能建了别的房子，那么这些房子都去了哪里呢？如果有人住在那些房子里，那这些人会突然搬到别的房子里吗？他的记忆也会因此被替换吗？仅仅是挽救了一条生命，就对"其后的世界"造成了如此巨大的影响。

如上所述，时光穿梭机会引发各种各样的矛盾。接下来，我们以电影为素材进行思考。在2002年美国上映的电影《时光穿梭机》中，主人公打算穿越时空改变过去。求婚日当天，主人公的恋人艾玛因遭到强盗袭击而丧命。为了救艾玛，主人公耗时四年开发出了时光穿梭机。然后，他回到当年的求婚日，也就是艾玛去世的那一天。虽然他采取行动使艾玛免遭强盗的袭击，但这次她却被马车撞死了。由此，主人公明白了，即使自己通过时光穿梭机回到过去，也无法改变艾玛死去的命运。于是，为了寻求答案，主人公穿越去了80万年后的世界。

支撑这则故事的主要逻辑支柱之一是，无论主人公穿越多少次回到过去，艾玛的死，即"过去"是无法更改的。如此一来，通过穿越时空来改变什么是不可能的，注定的命运是既存的，是无法更改的。在有时光穿梭机出场的故事中，偶尔会出现上述设定。此处需要注意的是，从主人公的角度来看，虽然他"没有改变恋人的命运"，却改变了杀人的

"强盗的命运"。同时，马车夫的人生也因此发生了翻天覆地的变化。

另外，主人公是耗时四年制作了时光穿梭机，从而回到了四年前。从艾玛的角度来看，则是四年后的恋人突然出现在眼前。从四年前的主人公视角来看，本来自己正打算求婚，却可能发现女友跟别的男人（其实是四年后的自己）在一起了。之所以一般时空穿越的故事都要设定"过去是无法更改的"，是因为它们大多是从故事主人公的视角来讲述故事的。难道主人公回到四年前采取行动时，马车夫就会瞬间变成现在造成突发事故的人吗？

马车夫直到昨天为止还过着普通平凡的生活，却在故事主人公穿越的那天，突然变成"自己在四年前，驾驶马车撞死了一名女性……"，这显然不合常理。在电影《你的名字。》中，许多人因为三年前的大灾难而丧命。然而，在两位主人公的努力下，原本应该死去的人们却死里逃生。在三年前本该死去的人们得以存活下来的情况下，这些人是如何度过灾后这三年的呢？

在电影中，包括两位主人公在内，所有人的记

电影《你的名字。》

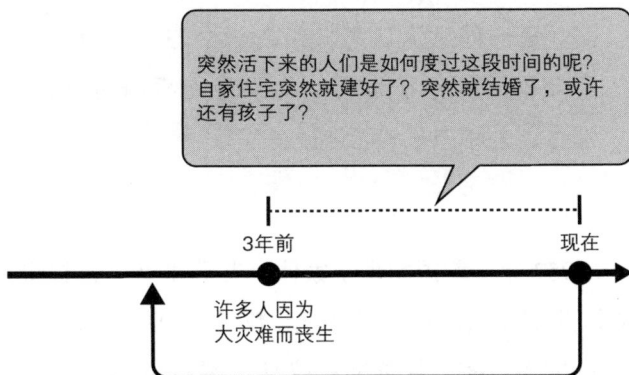

两位主人公穿越回到大灾难爆发前不久，为了避免出现人员伤亡而拼尽全力。

忆都被替换成新的历史，"三年"的问题得以解决，电影迎来了圆满的结局。如果三年前得救的人后来杀了人，那被杀害的人原本的生存时间就会平白无故地消失吗？物理学从一个完全不同的角度对此进行了思考，认为"不对，不是这样的"。

☞思考　如果通过时光穿梭机改变了"过去"并导致"现在"发生了变化，那么原有的"现在"就不存在了吗❓

有一种意见认为，存在一个与这个世界完全相同的平行世界。如果存在平行世界，那么过去和未来就无法改变。

1957 年，美国物理学家休·艾弗雷特三世提出，这个世界正在不断产生无数个"平行世界"。"Parallel World"翻译过来就是"平行世界"。该理论认为，存在数个与我们这个世界一样的世界，整个宇宙分为多个宇宙。平行世界理论很适合用来支撑通过时光穿梭机改变"过去"从而影响"未来"的假设。

然而，如果你生活在 A 世界，而穿越时空后抵达的是 B 世界，那么，即便在 B 世界更改了自己的"过去"，回到 A 世界后还是什么都没变。如下图所示，在电影、动漫作品中的时空穿越故事里，发生改变的"过去"也许原本就是注定会被主人公拯救的平行 B 世界。对于 A 世界的人来说，只不过是主人公下落不明了而已。

艾弗雷特认为，平行世界每时每刻都在不断地

平行世界与时光穿梭机

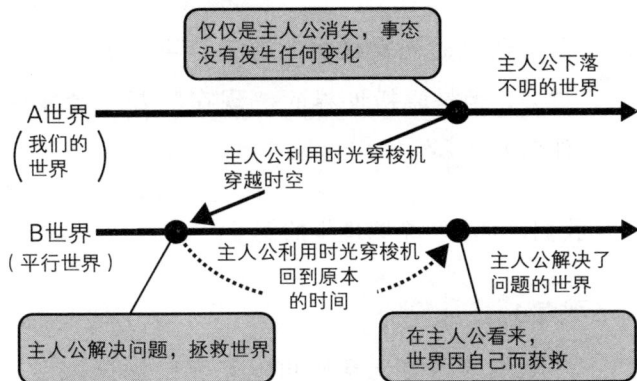

> 仅仅是主人公消失，事态没有发生任何变化

主人公下落不明的世界

A世界（我们的世界）

主人公利用时光穿梭机穿越时空

B世界（平行世界）

主人公利用时光穿梭机回到原本的时间

主人公解决了问题的世界

> 主人公解决问题，拯救世界

> 在主人公看来，世界因自己而获救

即使改变平行世界的"过去"，原本世界的"过去"也不会改变。

产生无数的世界。说不定观点 1 中"报考了 B 大学"的世界早就存在。在电影《你的名字。》中，或许许多人因为大灾难而丧命的世界和成功逃生的世界都是存在的，只不过主人公按照自己的主观意愿，将他们转移到了自己所希望的平行世界中。阿松的子孙们存在的世界与不存在的世界说不定也是同时存在的。

如上所述，在物理学的世界里，存在着"或许真的有幻想世界"的弹性思维，以及为了深究这种思维的理论性思考，两者相互交叉纠缠，释放出不可思议的魅力。

☞ 思考 即使通过时光穿梭机改变了"平行世界"的过去，但是原初世界的"现在"却不会发生任何变化❓

我们再来看一个物理学的例子。

> **观点 4**
>
> 如果使用时光穿梭机能够穿越到未来，那就意味着未来早就存在了。也就是说，2500 年的日本也已经存在了。按理说未来是还未形成的，所以时光穿梭机这个概念本身不是很奇怪吗？

如果能够通过时光穿梭机穿越到未来，那就意味着未来早就存在了。也就是说，未来已成定局。明年会发生的事情、谁会在什么时候离世、10 万年后的宇宙，等等，未来所有的事情都已经是既定事实了。

我们知道，地球上的所有人都经历着相同的时间。比如，我们在日本过完了一年，那么无论是在芬兰，还是在巴西，或者是埃及，在世界上任何地方都是过完了同等的一年。虽然时间就在身边，但我们却难以回答时间到底是什么。

物理学认为，时间早已同时存在。也就是说，过去、现在和未来是同时存在的。只不过因为空间不同，所以人们无法往来于各个时空。如果这个理论是成立的，那么观点3的答案也许就出来了：未来的确已经存在。

人类平时只生活在现在的时空中。比如，看电视时，我们不会觉得一秒前的画面、两秒前的画面与现在的画面相重叠。我们永远只能看到现在的画面。如果一秒前、两秒前的画面同时出现在电视屏幕上，我们肯定会觉得郁闷。之所以会有这种感觉，是因为人类的大脑仅仅是处理当下的情况，就已经满负荷运转了。如果大脑可以同时处理很多个瞬间，那么人类或许可以同时感知多个时间维度。正是因为我们无法感知过去和已经存在的未来，所以只能看到现在。

如果这个理论是正确的，那么我们是不是就无法改变过去和未来了？如果过去和未来已经确定并同时存在的话，那么我们可以认为，过去和未来是很难改变的。但是如果刚才所说的"平行世界"的确存在的话，那么过去和未来就是可以改变的。

在物理学界，"平行世界"概念，过去、现在、未来同时存在的说法，都尚属未解之谜。对拥有普通人常识的人来说，更是难以置信。不过，即使无法证明时光穿梭机的存在和平行世界的真实性，我们也可以通过思考"如果是这样的话"的问题，来拓宽我们的视野，学会重视弹性思维，做到同时了解、消化各种各样的观点。无论遇到任何事，都断定"那种事情是不可能的"，这样的思维方式会降低或抹杀掉事物发生发展的"可能性"。

☞ 如果能使用时光穿梭机穿越到未来，那么未来
思考 其实已经存在了❓

拓展思考

可以制造出时光穿梭机吗？

每天都有人在研究穿越时空的办法，目前主要有两种思路：

- 以光速或超光速的速度移动
- 穿越虫洞（宇宙中连接两个不同时空的狭窄隧道）

超光速的移动需要消耗巨大的能量，这被认为是不可能的。因此，多数研究者选择探索虫洞的可能性。有研究认为，就算能制造出特别特别小的虫洞，其大小也容不下人类通过，顶多能够发送信息。说不定，将来我们真的可以收到来自未来的信息呢。

与"平行世界"的说法一样，这种想法或许也会被认为愚蠢至极。但是，我们不要一开始就坚定地认为这是不可能的，认为怎么思考都想不明白的事是毫无意义的，而是接受这样的世界观，从新的视角展开思考，让理论性思考成为训练逻辑性思维的素材，有意识地拓宽自己的视野，其实也可以享受时间旅行的世界。

如果你面前有一台时光穿梭机，你想去哪个时代呢？未来，过去，还是平行世界

第2章

不可思议的「自己」

锻造地头力的思维实验

男子互换灵魂

自己是存在于大脑之中，
还是身体之中？

　　某个秋日的早上，躺在医院病床上的男子醒了
过来。护士："笹井先生，笹井先生，您还好吗？手
术成功了，请放心！"

　　男子："……"

　　护士："笹井先生，怎么了？您的家人也在医院，
我现在就去请他们过来。"

　　男子："……那个……"

　　护士："怎么了？"

　　男子："笹井先生是谁啊？"

　　男子对"笹井"这个陌生的名字表示困惑。他
不是"笹井"，但的确是事实。

　　护士："笹井先生，难道您是失忆了？"

　　男子对担忧的护士明确地说道："不是，我没有
失忆。来医院和进手术室的事情，我都记得。住院
之前的记忆也都是完好的。"

　　护士："是吗？那太好了。因为您刚才问'笹井

先生是谁'，所以我才怀疑您可能失忆了。您的家人马上就到了。"

男子："家人？你是指笹井先生的家人吗？"

护士："笹井先生……嗯，是的。笹井先生的家人。"

男子："我姓林田，不是笹井。所以，请帮我联系林田的家人，可以吗？"

护士："啊？林田先生？不是吧。笹井先生的家人看见您躺着，一直在呼唤阿实、阿实，不像是外

人啊……"护士一脸困惑,无法理解眼前的情况。

男子:"阿实?我的名字是林田智。那就是说,笹井先生的全名是笹井实咯。我不是笹井实。奇怪?我这里原本就有颗痣的吗?"

护士的表情突然僵住了。护士:"请您等一下……"

护士言毕,冲出了病房。护士找到为男子做手术的医生,说:"新塚医生,出事了!笹井实先生醒了过来,但他却自称是林田智……笹井先生和林田先生是同一天做的手术对吧?就是那个……将大脑取出来在体外进行手术处理,然后再放回颅内的那个手术。难道是放回颅内时,把两个人的大脑弄混了?"

包括这场手术的主刀医生新塚在内,在场的所有医生全都惊呆了。大家惊呼:"出大事了!很快林田先生,不,是自认为笹井的林田先生也会醒来……这个手术对病人造成的身体负担太重了,不可能再次开颅把大脑换回来。只能让病人接受现实了。"

之后,身体外形是林田智、大脑是笹井实的男子也醒了过来。双方的家人及亲友都聚集到了医院。有人说："喂喂喂，我可是来看林田的，却被反问'请问您是谁？'我可是他的上司呀……大脑真的被互换了？那出院后，就是那个叫笹井的人来我们公司上班啦？哎呀，不对，还是应该叫他林田吧？"有人说："阿实，怎么回事呀？你不认得奶奶啦？你怎么会管自己叫林田智呢？怎么净说些胡话啊。啊？阿实在那边的房间？怎么可能？跟我长得很像的阿实明明在这里呀。"

现场极度混乱，两家的亲朋好友就今后谁叫林田智、谁叫笹井实展开了讨论。激烈的讨论持续了很长时间，最后的结论是，由于当事人不是依据身体外形而是大脑进行自我认知的，所以应该顺从两位当事人的意愿。

你如何看待这个结论？你认为应该如何认定谁是林田智、谁是笹井实呢？

在此，针对这位自称"林田"而外形是笹井实的男子，有两种思考方向：一是优先大脑，认定他是林田智；二是优先身体外形，认定他是笹井实。我想根据这两个方向来做一个思维实验。

关于上述两种观点，请先归纳总结一下自己的想法。设想有一场辩论，尝试将自己分别代入辩论双方的立场观点，或许有助于厘清思路。

观点 1

> 既然本人自称"林田智"，那么他就是林田智。因为他对自己的过去记得一清二楚，所以应该优先依据大脑而非身体外形来认定。

在故事中，身体外形为笹井实的男子，即使被人称呼为"笹井先生"，他也会坚称自己为林田智。同时，身体外形是林田智的男子则自称"笹井实"。

人是靠记忆的连续性意识到今天的自己与昨天的自己是同一个人的。连接"昨天的我"和"今天的我"的纽带是，"无论是昨天，还是5分钟前，我的确还是我"的这份记忆。一旦失忆，人类就会陷入"我到底是谁"的迷茫中。如果记忆没有丧失，但身体外形突然发生了改变，的确会让当事人感到难以接受。

故事里自称林田智的男子依据明确的记忆延续，坚称自己就是"林田智"。考虑到记忆所寄居的身体发生了变化，似乎可以理解成本人被转移到另一具身体上了。比如说，原本穿着小猫玩偶道具服的人，即便换上了小狗或长颈鹿的玩偶道具服，其实还是本人。如此一来，故事中的男子虽然变换了身体，但他是林田智的事实并无改变。

☞ 因为大脑中对"自己"的记忆是具有连续性
思考 的，所以才会自称是"自己"。这样说来，
应该优先大脑❓

观点 2

即使大脑互换了，但周围的人只能依靠身体外形进行判断。从社会性来看，或许应该依据身体外形来认定。

无论本人如何坚称自己是"林田智",如果身体是"笹井实"的,那么社会就会认为他是笹井实。因为诸如指纹认证、护照照片等重要的本人认证,依据的都是身体外形,因此社会会将面部特征、DNA是林田智的人认定为林田智。比如,有名的吉祥物"熊本熊"等,无论道具服里面装的是谁,吉祥物的身份都不会改变。同理,如果一个人的身体外形是"笹井实",那么也可以认为这个人就是"笹井实"。观点 2 表达的就是这个意思。接下来,我们再来讨论一下从家人、熟人的角度如何看待这个问题。

思考 本人认证的依据是外貌,那么可以将脸、身体看作"自己"吗？

观点 3

家人应该是希望选择能识别自己的人作为家人的,因此,应该优先选大脑。

如果深爱的家人因为手术与别人互换了大脑,你会将哪个人视为自己的家人呢? 应该会选能识别自己的那个人吧。因为能够与自己共叙旧话的人才是他本人。另一个人虽然身体外形与家人一模一样，但是和自己并无共同记忆，对自己也毫无感情。毕竟那个人只有他大脑里原有的记忆。

从熟人的立场来看，就没有家人那么严格了。虽然一开始会有一些混乱，但习惯以后，接受了更换掉的身体外形，就能直接与大脑的主人进行交流了。"身体换了可真够受的呀。虽然无能为力，但我深表同情。"

虽然根据亲密程度不同，会存在一定差异，但熟人也可以接受按身体外形来认定为本人。"我之前跟你是朋友。所以今后也请多多关照啊。"如果是建立在社会角色之上的人际关系，只要互换了身份的两个人能够扮演好彼此的社会角色，也不是不可以。

👉 **思考** 亲朋好友会根据关系的亲密程度，来决定是选大脑还是选身体❓

恐怕大多数人会认同观点 1。即使身体外形是"笹井实"，也应该根据大脑、记忆，将其视为"林田智"。

　　总部位于美国西南部亚利桑那州的阿尔科生命延续基金一直在从事着冷冻人类遗体的工作，为的是期待未来出现遗体复苏技术。申请者可以选择冷冻全身，或者选择价格相对便宜的仅冷冻大脑。注意，不是选择只冷冻躯体，而是选择只冷冻大脑。由此也可以看出，判断一个人是否为本人，需要的是大脑。

　　据说，有人在考虑通过将大脑植入年轻的身体（脑死亡状态的躯体），从而实现"永生"。相较于躯体，继承下来的记忆才最能证明一个人究竟是谁。一个人之所以还能做自己，是因为其大脑还存在。

接下来的例子与"笹井实"和"林田智"的例子不同，我们将以另一个角度来思考大脑和身体的互换问题。请思考如果改变假设的条件，人们的看法会发生怎样的变化，会得出不同的结论吗？通过下面三个案例来思考一下大脑与身体的关系。

案例1：女明星与高龄男子

第一个案例是女明星和高龄男子。假设20岁的女明星与80岁的男子互换了大脑，人们的想法还会跟笹井实与林田智的案例完全一样吗？

如果发生了这样的互换情况，那么报纸、网络会如何报道呢？"80岁男子获得了年轻女性的身体""芳龄20岁、身体却是老人的明星"，诸如此类。肯定会出现将报道重点放在"身体互换"上的情况。是不是也可能存在下列情形？"明星内心住着80岁的大爷?!"

这种观点是将女明星等同于其人设。如果将明星当作是展示在公众面前的人设，那么可以认为，这个人设里也可以包含80岁男子的性格、思维模式、记忆等。身体换成了20岁女明星的80岁男子，通过扮演女明星，至少可以根据女明星的人设开展工作。

为了与身体保持一致，有着 80 年人生阅历的高龄男子在精神上也变得年轻了。性别的不一致也是独一无二的特点，这些都有可能变成提高明星商业价值的武器。

尽管是 80 岁的大脑，却因为拥有 20 岁女明星的身体外形，让这一切得以实现。观众也会因为其身体外形的一致，将其视作同一个明星。

另外，换成了 80 岁男性身体外形的 20 岁女明星肯定是不能继续做明星了。不仅身体外形老了 60 岁，还失去了原来的工作，这样的现实肯定会让她觉得无法接受。不难想象，对于 20 岁的女明星来说，这场身体互换只能是一起残酷不幸的事故。

如上所述，因为工作性质不同，似乎在有些情况下，身体比大脑对人物形象具有更大的影响力。只不过，即使是在这样的案例中，对于像家人等真正熟悉本人，而非仅仅依靠人物外形特征来判定的人来说，大概也会像"笹井实"和"林田智"的例子一样，选择根据大脑来判定谁是本人吧。

案例 2：男运动员与同龄女子

接下来，我们以男运动员与同龄女子为例展开思考。如果男运动员的大脑替换到了同龄女性身体上，那么男运动员既无法取得原有的成绩，也参加不了男女分组的比赛。无论他如何坚称"我是林田智"，也没法改变客观事实。

如果以往男运动员是将自己生活的一切都投入到了运动生涯中，那么说身体互换夺走了他的人生也毫不夸张。即使他凭借原有的记忆再拼命努力，也无法打破性别生理结构的限制。同时，大脑被换到男运动员身体上的女子，说不定能凭借那副男性躯体获得奥运会奖牌。她还会认为那是自己努力取得的成就而感到十分开心："这是我努力得来的奖牌。"

虽然运动的确离不开印刻在大脑里的记忆，但只有环境和身体都已经准备妥当，运动员的成绩才能有目共睹地不断提高。在只看结果的体育界，作为成功者，其实力与成绩是会获得肯定的。"希望下次比赛能夺得金牌！"如果这是互换身体后的女子发自内心的呼喊，那么或许也可以说，这名女子选择了身体原本的主人——男运动员的生活，而不是自己原来的生活。

案例3：两个不同国家的人

最后我们再来看一个新的假设。假设两个不同国家的人在 15 岁的某一天突然互换了身体，由于两国语言不同，所以只能慢慢适应。最终，他们选择在身体互换后的国家生活下去。20 年过去了，已经35 岁的两个人一直没能找到换回身体的机会。

既然已经过去了 20 年，那么两人自然已经完全习惯了现在的生活。可以想象，身体互换已经成为往事，两人各自接纳了现在的自己，继续过着自己现在的生活。在这种情况下，孰真孰假，其判断标准会与第一个例子存在差异。由于他们互换身体后的记忆时间较长，并且已经在现在生活的国家建立起了各自的人际交往圈，如果将大脑换回原来的身体，周围的人反倒会觉得他们的身体互换了。

两人理解现状，并且迎来了与各自真正的亲人的感人重聚。在这种情况下，虽然两家人的距离迅速拉近，但是身体互换了的两人也许并不会丢下自己已经扮演了 20 年的社会角色。两人很可能会在认清现状后接受自己被替换的身体，走上各自的人生道路。

然而，根据两人各自的经济情况、身体健康状况等差异，这个故事也有可能变成一场争吵。像这样，仅仅是更改假设的条件，就能导致身体互换的结论发生翻转。一般来说，多数人会选择以大脑记忆作为判断身份的核心依据。但是，也可能会不断出现仅凭这一点无法解决问题的情况。

　　虽然大脑互换在现阶段尚不具备可行性，这些故事也只是存在于思维实验之中，不过，你是不是逐渐认识到自己为什么是自己了呢？接下来，我们再来进行一项从别的角度来思考"自己是什么"的思维实验。

半边脑

哪半边是真的?

有一天，一名因事故而遭受重伤的男子（青木正吉）被抬到了医院。看到男子的状况，一名医生主动提出为该男子做手术，于是男子被推进了手术室。实际上，这名医生背地里是一个疯狂的科学家，他与护士同伴们决定一起做个实验。"这具身体估计已经没救了。干脆把他的大脑移植到新的身体里去，而且左右半脑分别移植给不同的身体。正好现在有两个植物人，那就把他的大脑移植给这两个人吧。"几天后，被移植了青木正吉大脑的两个人几乎同时苏醒。

男子 A："啊，我被救活了。"

医生："您知道自己的名字吗?"

面对兴致勃勃的医生，男子 A 冷静地回答道："我叫青木正吉。"接着，医生去了另一个人的病房，问了同样的问题。

男子 B："我叫青木正吉。不过，我觉得身体有点奇怪。"医生由此确信，原来的一个人，现在已经变成两个人了。

　　医生："手术成功了。我很好奇接下来会发生什么。" 两位"青木正吉"顺利恢复健康，迎来了出院的日子。

　　医生："青木先生。"

　　男子 A/B："嗯，怎么了?"

　　医生："其实有件事要告诉您。" 医生不能让这两人就这样毫不知情地出院，于是将实际情况告知了两人。

　　医生："没想到两个人都顺利地恢复了健康，这说不定算是天文学概率了呢。不过，由于您原本的身体没能抢救过来，所以您就权当自己的大脑得救了吧。另外，我们已经跟现在的身体的主人进行了说明，虽然变成了两个人，但是您应该没有什么意见吧。"

　　那么，两位"青木正吉"中，谁才是真正的青木正吉呢? 本案例是上一个案例的变形。虽然案例中存在诸多问题点，比如，大脑的一半不能离开另一半大脑工作，而且左右半脑的职能也并不相同，但是在这个思维实验中，请无视这些问题展开思考。

在进行本项思维实验时，假设两人拥有相同的能力和记忆。

　　两位青木正吉在听完医生的话后，都毫不犹豫地回答说"自己是青木正吉"，并且对突然出现的另一个自己感到困惑不已。两人都将手术前青木正吉的住所说成是自己的家，都在意因为自己休病假而对工作造成的影响；两人都介意自己的外貌发生了变化，同时又想早日回到原来的生活中。为此，他们必须妥善处理好眼前的另一个自己。真正的青木正吉是谁？

> **观点 1**
>
> 　　两人都是真正的青木正吉。只是少了一半大脑，就据此判定某一方才是真的青木正吉的想法是不可理喻的。同样，认为某一方是假的青木正吉的想法也毫无根据。

　　两个人的差异仅仅是大脑分别在两个不同的人的身体里，以及右脑和左脑的区别。他们的记忆和性格完全是遭遇事故前的青木正吉本人的记忆和性格。

如果像观点 1 所说，将两人都视为真正的青木正吉，那么青木正吉的工作该由谁来负责呢？青木正吉的家又该归属到谁的名下呢？青木正吉的养老金呢，护照呢，电脑给谁用呢，户籍算作哪边呢？如果青木正吉结婚了，那他的妻子呢，孩子呢？我们很快就会发现，原来的青木正吉的东西不能算作是现在的"两个人的东西"。换句话说，如果认定两人都是真正的青木正吉，那么就会遇到这些棘手的问题。如此看来，无法认定两人都是真正的青木正吉。

☞ 从社会的角度来看，将两人都视作真正的青木
思考　正吉，是不可能的吗❓

> **观点 2**
>
> 　　必须决定某一方是真正的青木正吉。如果不能明确权利关系，那么他们将在社会生活中遇到无数障碍。比如，认定先苏醒过来的那个人为真正的青木正吉，会怎么样呢？

　　刚才我们得出的结论是，因为房子、养老金、

工作等诸多关系到个人财产、人际关系的问题，不能将两人都认定为是真正的青木正吉。那么，通过认定一方是真正的青木正吉，问题就能得到解决吗？

　　正如观点 2 中提到的，如果将先苏醒过来的那个人认定为真正的青木正吉，会怎么样呢？我估计，很多人直觉上就无法接受，"不能因为先苏醒，就说他是真的青木正吉"。如果法律中对此有明确规定的话，那我们只好接受，但是法律中并不存在这样的规定。假如有人提出，将"先醒来的一方认定为是青木正吉"，那么就会出现"先移植了大脑的一方""移植后年长的一方"等各种各样的争辩理由。

　　说不定还会出现这样的观点："因为在事故中进行错误操作的是右手，所以拥有左脑（支配右手的是左脑）的那一方负有责任，应该将拥有右脑的一方认定为真正的青木正吉。因为左脑犯了错误，所以舍弃左脑就好了。"如果要认定某一方为真正的青木正吉，可以预见会出现白热化的法庭辩论拉锯战。而且，还难以找到判定的依据。

👉 思考　难道就没有一个能够让所有人都信服的判定理由吗❓

观点 3

两个人都不是青木正吉。只不过是两个身体的主人恢复了意识而已。只要沿用两人原本的权利关系，就不会产生问题。

这与"大脑和身体哪一方是本人"的问题有关。正如我们在思维实验"身体互换的男子"中所看到的一样，相比于身体，似乎更应该以记忆的连贯性作为判断的依据。如此一来，如果像观点3一样，将其理解为"身体的主人恢复了意识"，那么已经植入青木正吉大脑的两人估计都无法接受。他们会说："虽说如此，但我就是青木正吉啊……"

然而，考虑到权利关系，两人不能都是青木正吉，他们只是在形式上使用着身体主人的东西。两人始终只是在形式上行使着身体主人的权利，但内心还是青木正吉。从社会层面来说，如果表面上行使身体主人的权利，那么两人或许都有归属。然而，他们只是单纯地为了顺应常理而利用了身体主人的社会地位，内心并不乐意。这也会导致各种问题的出现。

·身体主人的家人能够接受吗？家人们会认为财产被他人夺走了吗？

·青木正吉的工作、财产怎么办？

·如果青木正吉有负债，怎么办？

·如果青木正吉有妻子、儿女，那他们怎么办？

即使这些问题都得到了解决，那就万事大吉了吗？本项思维实验思考的是：谁是真正的青木正吉？观点3的结论是，不必给这个问题下结论，只不过是青木正吉借用了两人的身体而已。两个身体的主人都可以坚称"自己是青木正吉"，分别走完各自的人生之路。

如果真实世界中发生了这样的事情，或许也会变成观点3的情况。然而，观点3并没有回答"谁是真正的青木正吉"这个问题。

思考 不给"谁是真正的青木正吉"这个问题下结论，而是根据实际情况找寻答案会更好吗？

谁是真正的青木正吉？这个问题本身就是错的。毕竟两人与原本的青木正吉之间的距离完全一样，而且因为两人都拥有各自的意识，所以跟青木正吉并非同一人。讨论哪一方是真正的青木正吉，本身就是毫无意义的。

比如，我们买来一个苹果，将其切成两半，一半做成苹果酱，一半做成苹果派。如果问哪一半苹果是原来的苹果呢？或许你也会像观点 4 一样，认为这是毫无意义的讨论。因为做苹果酱和苹果派所用的苹果是同一个苹果，所以其糖度、质量、营养元素都来自原本的那个完整的苹果，只不过是外形发生了改变而已。"哪一半是原本的苹果"这个问题既没有答案，也没有意义。

"'哪一半是原本的苹果'这个问题本身就是毫无意义的。无论怎么思考，没有意义的问题都是不存在答案的。唯一能够确定的是，两人现在都拥有各自的意识，是不同的两个人。只是在原本的青木正吉看来,两人就像是'苹果酱'和'苹果派',是自己的两个不同形式罢了。"

不过,无论是两位青木正吉,还是苹果派和苹果酱,追根溯源的话,都会抵达同一个源头。若是对两位青木正吉追根溯源的话,都会回到拥有完整大脑的青木正吉本人;若是对苹果派和苹果酱追根溯源的话,都会回到同一个苹果。如果问题并非"谁是真的",而是"他们是同样的吗",那么我们还可以从其他角度来展开思考。

"半边脑"的思维实验在开始思考哪一方是真正的青木正吉时就走进了死胡同且难以抽身。此时,我们是不是应该改变一下议题的方向呢?这样或许能找到新的突破口。这个办法并不仅仅适用于思维实验。

☞ 思考陷入困境时,试试改变一下讨论的方向❓
思考

综上,这个思维实验的设定是出现大脑突然变成一半的情况,思考这个在现实生活中难以想象的问题。其实在现实生活中,也的确存在大脑突然变成一半或者 MRI 检查发现大脑失去了大部分的例子。

有的人虽然因为事故或疾病失去了半边大脑，但仍然也可以毫无障碍地生活。这些人在 MRI 检查中，通过大脑成像，的确能够看到他们的大脑只有一半。

因为人脑善于适应变化（极具可塑性），可以用其他部分来弥补缺失的部分。即使本人什么都不做，大脑也会自动进行调整以保证正常生活。人体就是这么奇妙。我们肯定会发现自己其实潜力无限。

知道与不知道

川端康成获得诺贝尔奖是什么时候？

一般来说，我们知道过去的事情，却不知道未来的事情。我们都知道东京塔的高度是 333 米，却不知道 100 年后的东京塔是否还能保持现在的模样。我们知道作家夏目漱石写了《我是猫》，却不知道明年会有哪位作家的作品问世。

我们只知道过去的事情，却不知道未来的事情。我们知道邪马台国的女王叫卑弥呼，却不知道 30 分钟后的天气。其实卑弥呼身上有诸多未解之谜，我们连她是否真实存在过都不确定，因此，或许并不能说，我们知道卑弥呼。30 分钟后的天气……大概是确定不知道的，所以可以说是"不知道"？

假设 A 说："喂，你知道'加大拿'这个国家吗？对对对，就是那个国旗中间有个红色枫叶图案的……产枫糖浆……在美国北边的……对！就是那个'加大拿'。我可喜欢这个国家了。" A 将加拿大错记成了"加大拿"。

在这种情况下，我们可以认为 A 知道那个国家的国名是"加拿大"吗？虽然"加大拿"这个称呼是错误的，但 A 本人坚称它就是"加大拿"并确信自己知道这个国家。

虽然我们知道作家川端康成于昭和四十三年（1968 年）成为首位获得诺贝尔文学奖的日本作家，但是我们不知道今年谁会获得诺贝尔文学奖。其实笔者是在搜索了"昭和四十三年"的大事记后才写下来的，原本并不知道是这个年份。

肯定有很多人像笔者一样，起初并不知道具体的年份，而这些不知道具体年份的人现在才算"知

道了"，是不是？

只不过，三天后，当有的人突然问"川端康成是哪年获得诺贝尔文学奖"时，我们很可能已经忘记具体的年份了。在这本书付梓之际，笔者自己估计也忘记了。

像这样，本来"知道"的事情，现在却"忘记"了。如果在"忘记"时看到数字"43"，突然又想起来了，那么，这属于下面哪种情况呢？

A：因为现在想起了忘记的事情，所以原本是"知道"的。

B：因为完全忘记了，所以"不知道"。不过，现在想起来了，又重新"知道了"。

或者还有别的看法？我们凭什么说自己"知道"，又凭什么说自己"不知道"呢？假设 B 既没亲眼看过"海"，也没看过"海"的影像或照片。现在我们向 B 解释，"海"是无边无际的水的世界。那么，可以说 B 在这个瞬间就知道"海"了吗？向根本不知道电器的 C 解释"电冰箱"，可以说 C 是此时才知道"电冰箱"的吗？我们经常说"知道""不知道""那就不知道了"。"知道"到底是什么意思？

即便我们几乎能准确地预测 30 分钟后的天气，也不能说成是"知道"30 分钟后的天气。因为还不知道实际情况会不会按我们的预期发展。对于未来发生的，无论多么确信，也只能是预计。而邪马台国的女王是众所周知的事情，所以可以说"知道"卑弥呼这个名字。

关于尚未发生的事情，说"知道"会显得有些违和。假设你站在视野开阔的地方，在天空万里无云的状态下，说"3 分钟后会天晴"，会怎么样呢？无论怎么想，既没有云也没有风，3 分钟后的天气估计也不会发生多大变化。如果这时你接到电话，被告知"3 分钟后若是晴天，麻烦拍照给我"，你大概会一口答应下来吧。也就是说，此时的自己确信，3 分钟后仍然是晴天。也可以认为，从天空的情况来看，3 分钟后一定是晴天。即便如此，毕竟是未来的事情，所以说"知道"会显得奇怪吧？

问题在于，谈论未来的事情时能否说"知道"。

"站在视野开阔的地方，看过 100 次万里无云的天空。在这 100 次中，3 分钟后的天空都是晴天。"当这种经验在记忆中不断累积，在现实状况与记忆相吻合时，我们几乎是可以百分之百地预见此后的天气情况的。既然并非真正看到了 3 分钟之后的天空，那么，此时说"知道"是正确的吗？

我们知道"自己总有一天会死"。同样，即使是未来的事情，有些情况下我们也是知道的。只不过，我们知道自己总有一天会死，却不知道会何时、何地、如何死去，因此只能说是不完整的"知道"。

自己总有一天会死，如果天空万里无云，那么 3 分钟后也会是晴天。因为这些事情从客观上来看可以认为是正确的，所以我们有充分的理由将其称为"知道"。如此看来，如果客观上可以认为是正确的，那么即使说成"知道"也没问题了？

顺着这个观点往下想，"知道"邪马台国的女王是卑弥呼，这似乎不存在问题。然而，卑弥呼是个谜点颇多的人物，她在历史上是否真实存在过都尚无定论。如果现在关于卑弥呼的"知道"与史实不符，那么，那些"知道"的信息就会变成错误的信息。在这种情况下，如果"知道"的信息中不包括"存疑"的信息在内，那么也许不能说是真的"知道"。

如果"知道"的事情无论从哪个角度来看都是错的，那会怎么样呢？也算是"知道"吗？接下来，我们将就"错误的知识"展开思考。

☞ 思考 如果从客观来看是正确的，那么即使是尚未发生的未来，也会变成是"知道"的了❓

观点2

　　因为把国名记成"加大拿"的 A 的确是不知道"加拿大"这个国名的，所以是错误的。也就是说，A 是不知道加拿大的。

没有叫"加大拿"的国家。当我们尝试用 Google 搜索"加大拿　首都"，搜索引擎会贴心地自动替换成"加拿大　首都"后进行检索，并且显示"加拿大"的首都是"渥太华"。

A 坚信是"加大拿"并把它当作准确的记忆与

你知道"加大拿"吗？

加大拿的国旗？

他人进行交谈。在这种情况下，不能说 A "知道"加拿大，因为在 A 的记忆中不存在 "加拿大"这个国名。

其实 A 是知道"加大拿"的，不是吗？A 本人也肯定认为自己是知道的。为什么观点 2 会认为，信息有误就是"不知道"呢？

查阅字典中有关"知道"的定义，写有：就事物拥有确凿的认识，察觉到、感受到，理解、习得，体验完毕后并学会掌握。A 根据经验掌握了"加大拿"的国名，并且对此坚信不疑。如此一来，不就是"知道"了吗？

我们在学生时代学习了很多知识。其中，有些知识到现在则成了"错误的知识"。新的历史发现导致历史记录被修改、观点发生变化、法律被修订，等等，教科书的内容经常修正并不断变得更加准确。得知了上述事实，你会不会觉得我原以为知道的知识是错的，现在知道了正确的事实？

错误的知识不能被称为正确的知识。也就是说，"加大拿"是错误的知识，而 A 却误认为自己是"知道"加拿大的。即使"知道"，但如果"知道"的信息是错误的，也不能说是正确的"知道"吧？我们在提问"你知道这个吗"时，理应问的是"你准确地知道吗"。"加大拿"是错误的国名。因此不能说 A "知道"加拿大。

☞ 掌握的是错误的知识不能说是"知道" ❓
思考

观点 3

> 听到川端康成获得诺贝尔奖的年份后，恍然大悟，"啊，就是那年啊！"，这种情况应该被称作是"重新知道了"才合理。毕竟在回忆起来之前，如果被问到"川端康成是哪年获得诺贝尔奖的"，得到的回复只能是"哪年来着？我忘了"。遗忘掉的知识是不能说成"知道"的。

这一观点认为，遗忘了的知识不能被纳入"知道"的范畴。我们经常听别人说完话后才反应过来，"啊！那个我知道""知道，知道"。这些话都是听人提及后自己才想起来时经常使用的表达。当然，人们不会遇到任何事都觉得"啊，虽然原本不知道，但是现在想起来了，所以就当是一直都知道的吧"。这是觉得自己本来就知道的时候条件反射说出来的话。在听到的瞬间，那个知识仿佛是从大脑的记忆仓库中被拖了出来一样。或者说，原本不知道，但觉得"原本就知道"。在川端康成的例子中，A 和 B哪一方更容易让人接受呢？

A：因为现在想起来原本忘记了的东西，所以其实一直都是"知道"的。

B：因为完全忘记了，所以"不知道"。现在想起来了，再次"知道了"。

可能很多人会与 A 产生共鸣。因为在听到昭和四十三年后，大脑会突然灵光一闪。显然，这个知识其实是藏在了大脑的某一个角落里的。也就是说，这个事情原本是"知道"的，但是现在忘记了。有的人无论怎么都想不起来，"啊……其实是知道的，是什么来着"。这些人大概觉得"啊，突然想不起来了，本来是知道的"。如此看来，似乎"知道"的表达是合适的。有的人明明"忘记了"，却还是说"知道"，这实在有点强词夺理。说不定他只是单纯地误以为自己"知道"，其实并不确定是不是真的"知道"。

我们的大脑经常产生误会。有时会觉得自己"知道"，有时会觉得自己似乎经历过其实从未经历过的事，有时会觉得好像在哪儿见过某个人，有时则会毫无意识地说出"我一直以来就不敢坐过水车"这样的错误句子。大脑比我们想象得更糊涂。

这句"啊！我知道"只是我们的大脑感觉如此，

说不定是大脑产生的错误的感觉。大脑里的确散落着记忆的碎片，只要触碰到这些碎片，我们就会觉得"啊！我知道"。如此看来，大脑至少还是"知道"一些事情的。

在忘记具体年份时，即使被问到川端康成是哪年获得诺贝尔奖的，我们也回答不上来，但是昭和四十三年的记忆碎片沉睡在大脑的某处。当听到川端康成是昭和四十三年获得诺贝尔奖的，我们就会产生"啊！我知道"的感觉。其证据就是，如果提问者给出"昭和十九年、昭和三十二年、昭和四十三年"这三个选项，那么回答者肯定能选对。

在我们的大脑中，存在有意识的部分和无意识的部分。比如，即使不是有意识地"吸气"，我们也一直保持着呼吸，这就得益于大脑的无意识。同理，我们也可以认为"啊！我知道"是无意识的。也就是说虽然无意识中知道，而有意识中却没有察觉到。因此，就有了"啊！那个知识存在于我的无意识中！所以，我是知道的"之类的表达。

试着进一步思考，当被问到川端康成是哪年获得诺贝尔奖时，被问的人才发现"啊，忘记了"。这种时候，其实就是"我现在知道自己忘记的东西了"。大家或许都有过不知道自己丢了钥匙的经历。只有当被问及钥匙在房间里吗，才会发觉"啊！忘记钥匙放哪儿了！钥匙丢了"。

观点 4

B、C 都不能说是"知道"。比如，B 和 C 此后第一次看见大海和电冰箱时，会觉得"这就是大海呀，真宽广啊！""电冰箱里面这么冷啊！"。如果他们事先已经"知道"，就不会有这种反应了。

这种观点认为，在看到原本就知道的东西时，按理说是不会惊叹"这就是大海啊"的。因为既然是已经"知道"，却还是说"这就是大海啊"，实在不合理。

B 是什么时候"知道"大海的呢？C 在看到电冰箱之前，是"不知道"电冰箱的吗？真斗是什么时候"知道"计算三角形面积的公式的？

以计算三角形面积的公式为例。小学生真斗在学

老师 先来看公式。这就是三角形面积的计算公式。

$$三角形面积=底边×高÷2$$

看到公式的瞬间知道了？

老师 底边长度乘以高的长度可以得到四边形的面积，对吧？
那么将四边形像这样一分为二，就变成两个三角形了。

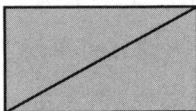

真斗 哇！真的呀！一分为二的话就是三角形。
原来是这样计算面积的……

在这个瞬间知道的？

校学会了计算三角形面积的公式。那么，真斗是什么
时候"知道"计算三角形面积的公式的？恐怕大多数
人都认为，真斗是在理解了公式的瞬间才"知道"
的。看到黑板上写的公式时，真斗的确会将公式抄到
笔记本上，可能会记住"三角形面积=底边×高÷2"。
然而，仅靠这些，似乎并不能称作"知道"。在真斗
理解了公式之后，才算是首次"知道"了三角形面
积的计算公式。

正如观点 4 所说，B 和 C 在首次看到大海和电冰

箱时，会觉得"这就是大海呀！真宽广啊""电冰箱里面这么冷啊"。至此，B 和 C 才真正理解了大海和电冰箱。也就是说，同真斗一样，人只有在理解了之后才算是知道。

再举一个例子。假设一名男子告诉你，Graygalsarry 是"草莓"的意思。当然，你并不理解，也不会觉得"我知道有的地方将草莓叫作 Graygalsarry"。然而，刚才的男子又说："'Graygalsarry'出自小说 *Babapennedora*，这本小说里的人物这么称呼草莓。"你可能这时才首次知道，"啊，原来是故事里说的。既然如此，那草莓被称作任何名字都不奇怪了"。

在这个时间点上，"知道"的前提是，听说有一本小说将草莓称作 Graygalsarry。那么，假设你实际上读了小说 *Babapennedora*，在小说中找到了 Graygalsarry 一词，发现它的确是指代草莓，于是就理解了整个事情，从而算是"知道"了。

似乎要"知道"，就得先"理解"。为了慎重起见，这里说明一下，*Babapennedora* 是一本虚构出来的小说。

☞ 只有"理解"了某个事物，才算是"知道" ❓
思考

"知道"的条件

要想"知道"，需要满足以下几个条件。

- 不是像"加大拿"这样的错误知识。
- 作为记忆沉睡于大脑之中。
- 一定程度上理解，并且可以进行说明。
- 可以客观地判断正误。
- 可以区别于预想。
- 确信自己知道。
- 能够理解自己知道的知识可能存在错误。

我们的大脑是含混不清的，所以即使觉得自己知道，也可能是不知道的。只有达到能够详细说明并多少知道一些相关知识的程度，才能充满自信地表示自己"知道"。

第3章
死亡与生命难题

锻造地头力的思维实验

天下为公的政理

卡涅阿德斯船板

自己死，还是对方死？

一艘轮船失事沉没了，船员艾伯特掉进了海里。他在大海里漂流了很久，已经做好了死亡的心理准备。正在这时，艾伯特发现不远处的水面上漂浮着一块船板。他拼命朝船板游去，最终成功抱住了船板。这块船板的大小基本上只够支撑艾伯特一个人的重量。

艾伯特心想："先抱住这块船板继续漂流吧，说不定会有轮船经过。如果人们发现有轮船失事了，可能会有救援队来搜救，现在能做的就只有祈祷有人发现我了。"不一会儿，艾伯特发现有人正朝着自己游过来，定睛一看，原来是同一艘轮船上的船员兰迪。这对于艾伯特来说并不是好事，因为船板支撑不了两个人的重量。艾伯特推开想要抓住船板的兰迪，导致其沉入大海淹死了。艾伯特守住了船板。

后来，艾伯特成功获救，但他却因杀人而遭到了起诉。不过，因为情况特殊，艾伯特并没有获刑。你认为艾伯特的行为符合道德规范吗？

请开动脑筋深入思考：艾伯特为了保全自己的性命而推开兰迪的行为违背道德规范吗？还是说在迫不得已的情况下，可以不追究其道德责任？

这个故事的原型，是公元前古希腊哲学家卡涅阿德斯提出的一个思维实验。之后，人们又创造了其他的版本。比如，兰迪把先抓到船板的艾伯特推到水里淹死了，还有二人不分先后同时游到了船板边。

这个故事常被用来解释"紧急避险"。日本刑法第 37 条第 1 项规定："如果是为了躲避危险，保护生命、自由而不得不采取的行动，不得问罪。但是，这种迫不得已的紧急避险行为所造成的危害不得比当下所受到的危害严重。"在卡涅阿德斯船板故事中，艾伯特是为了保全自己的性命才淹死了兰迪。艾伯特与兰迪两人的生命没有轻重之别，艾伯特造成的伤害程度也没有超出自己所遭遇的危险程度。所以，艾伯特的行为被认定为紧急避险，不可向其问罪。虽然法律判决如此，但如果不考虑法律，又会怎样呢？

接下来我将介绍几种观点，请大家对每种观点进行逻辑思考，可以同意或者反对，请发散思维，得出自己的见解。

你如何看待卡涅阿德斯船板故事？

观点 1

这种行为是杀人。不管有什么理由，都不应该淹死别人，应该考虑两人交替使用船板才对。

在卡涅阿德斯船板故事中，两人都面临生命危险，而能够救命的船板却无法支撑两个人。如此一来，两人之中必有一死。而观点 1 认为，即便如此，也不允许一方故意淹死另一方。

如观点 1 所说，两人交替使用船板的做法或许可行，但这样的话，双方都会消耗更多体力，一起死亡的概率会随之增加。如果双方都觉得对方占用船板的时间更长，结果很可能是其中一人被另一人推开而淹死，幸存的一方也极有可能因体力消耗太大而丧命。如此看来，这种方法似乎并不可取。不过，就算没有其他办法，人们也难以苟同逼人致死是符合道德规范的。

紧急避险的含义并非自己面临生命危险时便可以杀死对方，而是自己面临生命危险时虽然将对方杀死了，但无法问罪。当然，这种行为是不被允许的，只是因为别无他法，迫不得已罢了。迫不得已并不代表"被允许"，这应该是多数人的想法。

☞ 思考 遇到生命危险时，自己的行为虽然不是"被允许"的，但别无他法，就能迫不得已去做吗❓

观点 2

先抱住船板的是艾伯特，所以应该谅解
艾伯特的行为。

观点 2 认为，兰迪是后来才到的，不应该抢夺艾伯特的船板。艾伯特先找到了船板，所以他努力保护船板不被夺走的行为是情有可原的。

如果卡涅阿德斯船板故事的结局是"兰迪后来居上将船板夺走，从而淹死了艾伯特"，兰迪的这种行为就不能被原谅。那么，生存权真的只属于先到者吗？

假设此处的船板是已经满员的救生船，已经不能再多载人了，此时如果有人靠近，肯定会被船上的人用船桨或手脚推到海里去，因为后来者在形势上确实处于不利地位。

我们并不能说生存权属于先到者是对的，只是结局变成了这样而已。在卡涅阿德斯船板故事中，并没有哪一方处于明显的不利地位。坚持"生存权掌握在先到者手中"，后来者也是不会接受的。在救生船的例子中或躲避危险的情况下，虽然结果大多是先到者掌握了生存权，存活了下来，但从伦理上来说，"生存权属于先到者"的结论还是让人难以接受。那么，这种让人难以接受的感觉是从何而来的呢？

假设艾伯特是自由泳达人，两人都在距离船板100米远的地方同时注意到了船板。结果当然是擅长自由泳的艾伯特先游到了船板边，并且因此得救。那么作为旁观者，你的心情如何？

虽然可能艾伯特当时也是没有办法了，只能拼命游过去保全自身性命，但是，旁观者们并不会全都认为"因为艾伯特擅长游泳，先游到船板边，所以他获救是应该的"。如此一来，整个故事的主题就变成了游泳技术的好坏决定生存权。

虽然结果常常是先到者掌握生存权，但人们似乎并不能接受"生存权属于先到者"的观点。

☞ 思考 虽然结局是先到者掌握生存权，但"生命属于先到者"的观点并不正确吗❓

观点 3

假设想要抓住船板的两个人分别是成年男子与 10 岁的女孩，又该怎么办呢？如果成年男子想要抢夺 10 岁女孩抓住的船板，那么结局是显而易见的。但是生存权不应该由力量的大小来决定，所以在卡涅阿德斯船板故事中艾伯特的行为不能被原谅。

在卡涅阿德斯船板故事中，只说了艾伯特和兰迪是两个男人，没有介绍两人的体格、人物背景等信息。但是，若两人如观点 3 所说的那样，体格相差很大，那么同样的情况就算发生 10 次，其结果估计都不会发生改变。

假设艾伯特是个 10 岁的少年，而兰迪是个 30 岁的船员，故事变成兰迪抢下了艾伯特的船板，结果艾伯特淹死了，大家还会像刚才那样想吗？生存权是由力量大小来决定的吗？在这种悲惨的情境下，当然也可以说力量大的一方迫不得已抢走了船板。

再来看观点 3 中的女孩与男人。当实际发生这种情况时，若是男人淹死了，则这件事会成为一段佳话；若是女孩溺水而亡，那么男人一定会被世人当作恶人。这并不是说女孩有什么特殊的权利，也不是说男人就必须牺牲。生命是平等的，并没有某一方应该获救的所谓的标准答案。

即便如此，世人心里总会期待"佳话"的出现，这究竟又是为什么呢？估计是因为，人们认为决定"谁用船板获救"的权利必然掌握在男人手中，所以如果是男人淹死了，则表示男人将生存权让给了女孩；如果是女孩溺亡，则表示男人为了保命而牺牲了女孩。也就是说，谁去赴死是由男人来决定的。

☞ 谁有权利决定生存权属于哪一方？
思考

正是因为卡涅阿德斯船板故事只给出了简单的情景设定，所以才引得人们想象各种可能的情况并进行深入的思考。但无论在哪种情况下，每个人的生命都是平等的，这是全人类的共识。因此，这个故事经常被用来解释"紧急避险"也是有其合理性的。在19世纪的英国，曾经发生过一起沉船事故，当时"卡涅阿德斯船板故事"就被引为例证。

假如必须牺牲某个人，应该选谁呢？

1884 年 7 月 29 日，英国商船木犀草号遇险沉没，其中三位船员被路过的德国货船蒙特苏马号救起。在漂流 24 天后获救，这一事件却并未成为奇迹生还的佳话，反而引发了许多问题。

1884 年 5 月 19 日，从英国开往澳大利亚的木犀草号轮船起航了，之后它不幸于 7 月 5 日遇险沉没。当时所有船组人员都坐上了救生船，逃离了木犀草号轮船，只是，救生船上的食物只有两个芜菁罐头。

此时的船组人员有船长汤姆·达德利、助手埃德温·斯蒂芬斯、船员艾德蒙特·布鲁克斯和负责船上杂务的见习生少年理查德·帕克四人。食物很快就吃完了，四人只能依靠雨水度日。在 7 月 9 日，也就是漂流的第五天，他们捉到了一只海龟。但海龟很快也被吃掉了，到了 7 月 22 日，漂流第十八天，他们又一次没有任何食物了。于是，船长达德利提出了一个办法："我们当中需要牺牲一个人，其他人才能存活下去。我们用抽签的方式来决定牺牲谁，剩下的三人靠此人的身体来延续生命，这是目前唯一能保命的办法。"然而，这个提案因为遭到斯蒂芬斯的反对而被放弃。

7月24日，漂流第二十天，年龄最小的帕克因口渴难耐喝了海水，不久后便陷入虚脱状态，随时可能死亡。达德利船长见此情形便向另外两人提议杀死帕克，用帕克的血肉延续其他人的生命。布鲁克斯强烈反对道："我不能做这种违背人道的事！"达德利说："我是船长，不能让所有人都死。而且，我们还有需要抚养的家人，即使为了他们也要活下去。如果等到帕克死后再下手的话，他身体里的血会凝固，就喝不了了。"

布鲁克斯仍然强烈反对，而斯蒂芬斯虽然并不完全认同，最后还是同意了达德利的提议。于是，达德利在祈祷之后杀死了帕克，以其身体果腹，原本强烈反对的布鲁克斯最后也吃了帕克的肉。五天后，他们获救了。

后来在警察的讯问中，帕克被杀一事得以公之于众。于是，达德利与斯蒂芬斯被移交法庭审判。一审时他们被判处死刑。不过，不久后他们得到了维多利亚女王的赦免，改判为有期徒刑六个月。据说是因为有太多民众认为他们无罪。

在这一事件中，为了证明牺牲帕克是不得已而为之且不可避免，达德利与斯蒂芬斯的律师在法庭辩护中就引证了卡涅阿德斯船板故事。律师在为他们行为的正当性进行辩护时说道："如果不牺牲帕克，那么所有人都无法获救。这件事是在绝望的处境中不得已才做的，没有其他选择。"

如果因为木犀草号事件中帕克的牺牲是无法避免的，是否就可以认为，船长一行人不用对帕克的生命负责呢？还是说，无论在任何情况下，都不能认可杀死帕克的行为。这个问题没有标准答案，请提出你自己的观点。经过自己思考得出的见解才是最重要的。

无论在什么情况下都不能杀人，剥夺他人生命的行为天理难容。

木犀草号事件在哈佛大学教授迈克尔·桑德尔的"公正：该如何做是好？"的课上也被拿来讨论过。"公正：该如何做是好？"最初仅仅是哈佛大学的内部课程，后来因为反响太大而得以公开。日本也进行了转播，有些读者可能对此有印象。

在"公正：该如何做是好？"课堂上，多数人都认为杀人的行为是"不可原谅"的。而在实际的木犀草号事件中，当时的社会舆论却是同情达德利和斯蒂芬斯的，更倾向于"原谅"他们的行为，女王也因此给他们特赦减刑。这种认知差异，或许可以归因于时代背景的不同。此外，当时媒体报道的内容可能也偏向于唤起大家对幸存船员们的同情。并且，帕克无亲无故这一事实也对舆论造成了影响。

但是，在时下主张"以被害者没有亲属为由而给达德利等人减刑"的话，一定会引起舆论的不满。如此看来，时代背景因素的影响不可忽视。

👉 **思考** 判断杀人行为"可以被原谅"或"不能被原谅"时，会受时代因素的影响吗❓

> **观点 2**
>
> 如果是抽签的结果，那么他们的行为应该得到谅解，因为抽签是公平的。

起初，达德利的确提出要通过抽签来决定牺牲者。在漂流第 19 天时，如果帕克是因为达德利的抽签提议，不幸抽中了牺牲签而丧生，我们又该如何看待这件事情呢？

在"公正：该如何做是好？"课堂上，也有人提出了同样的问题。结果，很多人改变了想法，认为如果杀死帕克是在所有人都认同抽签结果的基础上进行的，那么他们应该得到原谅。这到底是为什么呢？

人们普遍认为抽签是极为公平的决定方式。在学校或者同伴之间，如果是抽签决定的，即使自己被分配了坏差事，一般人也都会觉得这是没办法的。也就是说，抽签自带的公平性，成了让人们接受帕克牺牲的理由。

不过，如果抽签是在木犀草号事件里那种封闭的、特殊的环境下进行的，而恰好又是身份最卑微、无亲无故的帕克抽中了牺牲签的话，不难想象，审判争论点会聚焦到抽签是否以公平的方式进行这一问题上。

☞ **思考** 如果是公平选择的结果，那么就可以在危机时刻牺牲一个人吗❓

让我们重新来看一下前文律师所主张的内容。与卡涅阿德斯船板故事一样，律师强调，"如果不牺牲帕克，那么所有人都无法获救"，即这个主张是迫不得已做出的。对此，你没有什么疑问吗？事实上，他们原本是打算四个人全部活下去的，为此他们已经坚持了 20 天。只是到了最后关头，才想到必须牺牲一人为其他人续命。

这里有一个不容忽视的重大问题，即救援有可能在杀死帕克的 10 分钟后就到达。木犀草号事件中的三人在帕克牺牲后的第五天才得救，而如果他们在 10 分钟后就获救的话，舆论是否又会是另一番景象？

　　因为人们会认为，幸存的三名船员不可能在10分钟之内突然死去，这样一来，帕克就是白白死去了，达德利等人便成了纯粹的杀人犯。如果他们在杀死帕克的瞬间听到了救援船的汽笛声，那不用吃帕克就能获救了。也就是说，所谓不牺牲帕克就无法获救这一结论，是基于杀掉帕克五天后才获救的结果之上得出的。而在杀死帕克的当时，三名船员能否获救其实是未知的。

　　当然，也有可能出现不同的结局。在木犀草号事件中，因为事实结果是五天后才获救，所以律师能够做出如果不这样做的话，他们就活不下去的解释。

　　将这种情况应用到日常生活中，可以举出如下例子：某一天，你在下班路上走进蛋糕房，想着如果现在不买，今天的生日可能就没有蛋糕吃了，于是你买了店里剩下的几块并不怎么特别喜欢的蛋糕回了家。到家后才发现，家人已经给你买了许多你最喜欢的蛋糕。此时，如果有人问你："要是不在那家蛋糕店买的话，今天就真的吃不上蛋糕了吗？"你只能回答:"当时确实是这样想的, 但如果你早告诉我, 我就不会买了。"

如果只是多买了几块蛋糕的话也就算了, 如果关乎性命, 那可就无法挽回了。即使达德利辩解说"你要是早告诉我, 我就不会杀他了", 帕克也无法起死回生了。如此看来, 在思考木犀草号事件是否可以原谅时, 时机也成了影响舆论的重大要素, 这或许也是导致女王改判的原因之一。

如果知道救援在帕克被杀后 10 分钟就到达了, 那么舆论可能就不会要求女王减刑了。如果你是这个案件的陪审员, 你会怎样评判达德利与斯蒂芬斯的行为呢?

生存的权利
关乎生命的艰难抉择

　　约翰的妻子玛丽终于怀上了孩子。然而，不久后医院却告知了约翰夫妇一个噩耗。

　　医生说："检查了婴儿的遗传基因后，我们发现这个孩子在三岁之内患上重病的概率有96%，而剩下的4%概率则是在五岁之内会发病。病因不明，所以我们既无法进行治疗，也无法展开研究。不仅如此，因为这个病太罕见，查明病因也极为困难。作为这个孩子的父母，你们可能整日奔波于痛苦的治疗中，孩子活到成年的概率基本上为零。两位是希望继续妊娠生下孩子呢，还是选择放弃?"

　　听了医生的话，约翰和玛丽受到了巨大的打击，他们悲痛欲绝，彻夜未眠。但是，两个人最后还是决定生下孩子。

　　玛丽说："医生给我们看了一堆莫名其妙的数据，那是他的权利，但我们没有剥夺孩子生命的权利，我已经做好了坦然接受未来一切的准备，我们没问题。"约翰说："说得对，玛丽，这是上帝好不容易才赐予我们的小生命，不能放弃。我们没有决定孩子生死的权利。既然这个孩子选择了我们，我们就要好好爱护，这是我们共同的答案。"

约翰与玛丽决定生下孩子是基于什么样的想法呢？这个决定是对的吗？约翰与玛丽毅然决定生下这个孩子，选择了呵护并养育这个孩子，这听起来似乎是一个很温馨的故事。但是，你是否心存疑虑呢？这是一种什么样的疑虑呢？或者说，你赞成约翰与玛丽决定生下孩子的理由是什么呢？

观点 1

约翰与玛丽只是从自己的角度考虑问题，沉醉于自己看似高尚的选择之中，他们并没有从孩子的角度出发，没有设想孩子以后会遭遇的痛苦，也没有考虑到未来自己或许会先离开人世。

约翰与玛丽的决定乍一看似乎很高尚，但是即将出生的孩子以后真的会幸福吗？虽然约翰说"我们没有决定孩子生死的权利"，但也有观点认为孩子也没有选择出生与否的权利。

为了方便后面的讨论，我们假设这个孩子名叫马克。目前，通过遗传基因诊断，已经可以在一定程度上预估腹中胎儿的身体状况。胎儿的父母在知情的前提下，可以选择生或者不生。虽然从伦理上来看，甄别生命似乎是有问题的。但是，如果自己的孩子有重病遗传基因，作为父母，可能常常会因过重的生活负担而唉声叹气，孩子也会跟着痛苦受罪。

假设马克看到疲惫不堪的父母，觉得"如果自己没有出生该多好，都是我的缘故，爸爸妈妈才会变成这样"，那么约翰和玛丽又会怎么想呢？

如果马克还有兄弟姐妹，而约翰和玛丽因事故或者疾病早早离世，其兄弟姐妹的自由也会被马克束缚。世人会认为，由兄弟姐妹来接替逝世的父母照顾马克是理所应当的。如果兄弟姐妹对马克放任不管，则会被人谴责对马克不负责任。

观点 1 的质疑之处就在于，约翰和玛丽是否真的考虑到了周围人将要面临的负担。如此看来，或许可以说约翰与玛丽做决定时，只看到了眼前，却没有考虑到未来。

即使父母与兄弟姐妹深爱着马克，学会了许多知识技能，让马克最终得以幸福地步入天堂，但如果马克知道自己因为遗传基因缺陷身患重病，将会长年卧床不起，对他来说，这个人生始终是充满痛苦的。

那些由受病魔折磨的孩子的真实故事改编而成的电视剧，剧情除了讲述人间之爱，大多还描写了孩子承受的诸多痛苦。而且，他们并不像马克这样，一生下来就要接受患病的事实。这个难题没有标准

116

答案，下面我们将通过其他观点再来进行深度挖掘。

☞ 当孩子很可能遭受不幸时，父母可以选择放弃
思考　孩子的生命吗？

> **观点2**
>
> 　　即便孩子患有重病，那也是一条生命，
> 谁都没有剥夺别人生命的权利。约翰和玛丽
> 这么做就是避免了杀人，他们做得对。

　　如果你赞成这个观点，那么你应该也会反对堕
胎。目前，大部分国家都允许堕胎，但也有个别国
家认为，堕胎原则上属于违法行为。有的国家甚至
可能会将堕胎的女性和医生送进监狱。仅从这些就
可以看出，判断堕胎的是非对错，确实是一个难题。

　　我们再来看观点 2 的"谁都没有剥夺别人生命
的权利"这一说法。

　　关于堕胎的是非对错，美国哲学家朱蒂·贾维
斯·汤姆森提出了一个非常著名的思维实验。这个
思维实验也收录在拙著《锻炼逻辑思考力的 33 种思

维训练》与《逻辑思考能力大提升·儿童思维实验》中，在此只作简单介绍。

你突然遭人袭击，失去了意识。等你醒来时，发现自己正躺在一张床上，旁边的床上则躺着一个陌生人（小提琴家），你的身体与小提琴家的身体通过一条医用导管连在了一起。

小提琴家貌似患有肾脏疾患，长期处于昏迷状态，而你的身体被用来为他延续生命。你被告知："九个月后就会有特效药了，在此之前，请你忍耐一下。如果没有你，小提琴家就会失去生命。"你应该帮助他吗？

汤姆森的答案是不需要帮助。就算是为了救人，救助者也没有义务为此牺牲自己的生活。即使是从小提琴家的角度来看，他也没有束缚你身体的权利。

这种思考是基于这样一种观点，即与帮助他人相比，更应重视对他人的伤害。所以，如果被问到是否必须帮助摔倒的人，估计人们也只会说，"帮助的话会显得热心些"而已。另外，绝不能让人摔倒则是不需要思考就能回答的。

显而易见，汤姆森认为，比起"帮助"，更应重视"加害"。正因如此，他认为没有必要为了救小提琴家而牺牲自己。

在汤姆森看来，小提琴家象征着胎儿。胎儿离开孕妇则无法生存，但是，孕妇也没有必要为此牺牲自己的身体。女性有自己决定的权利，这便是汤姆森的观点。

在思考堕胎是否合理时，人们常把关注点放在"如何看待胎儿的存在"这个问题上。比如，"胎儿从何时开始可以被算作人""如果可以被算作人，那么堕胎就是杀人吗""胎儿有意识吗"等问题。

汤姆森抛开上述争论点，将胎儿比作小提琴家，即直接将胎儿视作"人"及"本来就是有意识的存在"，然后再展开论述。人们对于汤姆森的观点毁誉参半，有关堕胎的争论经久不息。

即使确如汤姆森所说，孕妇有权利决定是否堕胎，但若真的堕胎了，恐怕她们多少都会有一些罪恶感。

如果只是因为一时感情用事或者经济方面的原

因而人为终止了妊娠，以后更可能会悔恨一生。

也就是说，孕妇当时并没有想好这样做是否完全正确，所以，这种法律无法解决的内心纠葛还是会让当事人苦恼万分。

👉 思考 "没有剥夺生命的权利" 与 "没有牺牲自己的必要"，哪个更重要？

你怎么看待观点 2 呢？

改变看问题的角度，思考也会发生变化。

观点 1 的思考角度从 "父母" 转移到了 "孩子" 以及 "孩子的兄弟姐妹" 身上，于是出现了不同的情况。观点 2 则试图改变论点，将婴儿比作小提琴家来进行思考。在约翰与玛丽的故事中，如何转移视线、能否找到不同的视角才是这次思维实验的关键所在。

根据观点 1，约翰与玛丽既有可能成为悲剧的主人公，也有可能变成加害者。谁都知道生命的重要，但有时也要从现实情况出发考虑孩子的病情。对于很多残酷的现实问题，不是仅仅用爱就能解决的。

观点 2 思考的是，拒绝生下有潜在重病的胎儿这一行为是否就是杀人。这个问题也进一步发展为堕胎是否正确的问题。

汤姆森将关注点从"胎儿是否为人"转移到"堕胎是否正确"上，并试图通过思维实验的方式来进行论证。

在思考难题时，我们的思维常常会停滞，这时就要努力弄清楚问题究竟出在哪里，让问题变复杂的原因是什么，然后通过将其转换成容易思考的形式，或者通过抓住关键点等方式，让思考得以继续进行下去。

第4章

「不合理」的人类思考

锻造地头力的思维实验

不合理的选择

如果已经损失了 6000 日元，那么如何使用下一个 6000 日元呢？

5 月的一个休息日，藤崎美轮为了看钟爱的动漫人物展，坐电车朝展览会场赶去。

美轮之前花 6000 日元买了一张展览门票。展览从下午两点开始，现在才下午一点，所以完全来得及。

"没下雨真是太好了。还有一小时呢，我先去随便吃点午餐吧。"

美轮在饭店里翻看着展览的宣传手册，愉快地打发着开展前的时间。"差不多该走了。"

通过了展览会场的入口，美轮将手伸进包中找门票，然而，门票不见了。"好奇怪，门票怎么不见了，这不可能啊……难道我忘在家里了吗？"发现怎么找也找不到后，美轮有些垂头丧气。

"哎，我真是太笨了。"美轮向接待处望去，看到那里正在出售当天的展览门票（6000 日元）。"在卖今天的门票啊，怎么办才好呢，但是我不大想再买一张了……毕竟我已经买过门票了啊……" 最后，美轮决定回家，不看这场期待已久的展览了。

"来都来了，干脆就在这附近逛逛街再回去吧。"她用手机查了查最近的商场，在商场里花了大概6000 日元买了甜品和人气三明治等，然后就回家了。"正好花了和门票价格一样多的钱，好巧啊。"

对于美轮的做法，你怎么看？

观点 1

因为已经为展览花了 6000 日元，如果当天再买一次门票的话，就相当于这个展览的价格翻了一倍，所以能够理解美轮的做法。

观点 1 认为，展览原本只需要 6000 日元，如果当天再买一次门票，就相当于花 12000 日元来看这个展览了。

这的确是事实。最初买票用了 6000 日元，如果当天再买一张票，还需要花掉 6000 日元，但是展览只能看一次，如此一来，本来价值 6000 日元的展览价格翻了一倍，变成了 12000 日元。

可能也有人会认为："既然特地为了展览赶过来，还不如多花 6000 日元进去看一下，否则感觉太亏了。"但实际上，认为"这个展览不值 12000 日元，所以没有购买当日门票"的人才是大多数。

不买当日门票的"6000 日元损失"与购买当日门票的"6000 日元损失"相比，"因为自己的失误"而花了两倍的价钱去"买门票"的举动，或许给人一种损失更大的感觉。

无论怎样都是损失了6000日元?

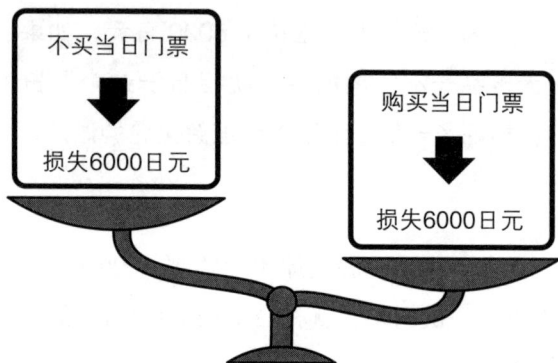

> 虽然同样是损失了 6000 日元，但自己的失误导致花了两倍的价钱看展览，会让人感觉损失更大么?

思考

观点 2

美轮如果当天再花 6000 日元，就能看到喜欢的动漫人物展了，没进去看，实在是可惜。

故事里的美轮，那天最后还是花了 6000 日元。明明可以用这 6000 日元去看喜欢的展览，她却用来

买了甜品和三明治。这么看来，确实会像观点 2 那样，认为还是"同样花 6000 日元看展览"比较好。

那为什么美轮会用这 6000 日元来买东西而不是看展览呢？买甜品和三明治明明背离了来看展览的初衷啊。这就如同，明明你本来是为了拍摄个人旅行短片去了英国，最后却只是随便玩了一下就回来了，将自己最初想做的事情完全抛诸脑后。

美轮"不想在展览上再花钱"应该是出于一种"想要感受快乐"的心情。所以她才奢侈了一把，花 6000 日元买了甜品和三明治来犒劳自己，并且试图假装自己此行的目的本来就是血拼购物，而不是看展览，以此来稍微安慰一下"忘记拿票的自己"。与看展览相比，把钱花在甜品和三明治上，美轮心里大概会感觉更轻松一些吧。

👉 同样的钱，花在其他能让人开心的事情上，感
思考 觉会更好吗❓

在发现忘记带门票的那一刻，美轮便对展览产生了不好的感觉。虽然展览本身并没有发生变化，但是人的心理发生了变化。

或许有人会赞同观点 2，认为既然有 6000 日元买甜品和三明治，那就应该用来看展览。但是，在考虑是否应该买当日门票时，美轮可能是这样想的："已经花过 6000 日元了，只是因为我的失误将票忘在了家里才看不了展览，让钱打了水漂。如果再花 6000 日元去买票看展览的话，那就是双重损失了。"她也许还会想："不仅损失了 6000 日元，连甜品也买不成了。"

美轮刚出家门时，的确对展览充满了期待，但是当她发现没带门票时，原来的激动心情肯定会受到影响，甚至可能对展览产生了厌恶情绪。"就是因为要看这个展览，心情才变得如此糟糕的，真讨厌啊。"虽然心里明白展览本身没有过错，而且仍然想看展览，但心里还是会不由自主地对破坏自己心情的东西感到厌恶，这也是人之常情。

对于得不到的东西，人们总是有贬损它们的心理倾向。比如，看到高处自己够不着的苹果，人们便会说"这苹果肯定不甜"。人们还会有"成名也不一定都是好事""有钱了就不知道钱的珍贵了"之类的想法，这多少也与"自己得不到的东西都不好"的心理有关。

伊索寓言中广为流传的《酸葡萄》故事，讲的就是这种心理。一只狐狸找到了看起来很美味的葡萄，它使出浑身的力气向上跳，想把葡萄拽下来，然而葡萄长在很高的地方，狐狸怎么跳也够不到。于是，气急败坏的狐狸便恶狠狠地瞪着葡萄说："这葡萄肯定酸得掉牙！"然后，生气地走开了。

认定得不到的东西就是"坏东西"，人的心里会感到轻松一些，这样便可以心安理得地全身而退。美轮也是这样想的。就像《酸葡萄》故事中的狐狸一样，想着"反正不是什么重要的展览"，然后转移目标去买些甜品。这样就可以让她释怀。

☞ 贬低让自己不开心的对象，心情就能变好吗❓
思考

> "6000 日元"是不变的，聪明人非常清楚
> 这一点，但美轮给钱安排了更多的"用途"。

努力打工六小时后赚到的 6000 日元、打扫卫生时偶然在衣柜里发现的 6000 日元、买彩票中奖获得的 6000 日元、卖闲置品意外高价出手得到的 6000 日元，这些 6000 日元都是一样的。作为钱的价值，它们并没有任何区别。然而，人类的不可思议之处就在于，辛苦挣得的 6000 日元与轻松到手的 6000 日元，在人们看来具有不同的分量。

人们往往会用偶然发现的 6000 日元或彩票中奖得到的 6000 日元进行冲动消费，而对于自己辛苦打工挣来的 6000 日元，即使遇到了很想要的东西，也可能舍不得花掉。另外，我们经常给钱赋予不同的"用途"。比如像故事中的美轮那样，认为已经为展览花掉 6000 日元了，所以不想再给钱安排"看展览"的用途。又比如，人们会计划"这月的伙食费是 2 万日元，我要把这 2 万日元单独放进钱包里"，这就是给钱安排了不同的用途。

如果因为外出用餐奢侈了一次，在这个月接下来的日子里，人们就会相应地削减伙食费。但是，即便削减了伙食费，人们可能也不会减少为"兴趣"而准备的钱来补贴伙食费。基于这种不可思议的心理，人们给同样的钱安排了不同的用途。所以，这里的问题就在于，人们在大脑中如何甄别同样的6000日元，又赋予了金钱什么样的意义。

虽然故事里的美轮没有意识到自己其实已经进行了反复的思考，试图用自己感觉舒服的方式去消化这"失去的6000日元"。可能她是在尝试转换这种懊恼的心情吧。将后面的6000日元花在有价值的事物上，或许能弥补把门票忘在了家里的懊恼感。对于美轮来说，甜品和三明治就是那个有价值的事物。

思考 不过度纠结失去的6000日元的用途，而是将下一个6000日元用在有价值的事物上

发散思维情景1

如果在回家路上遇到票价同样是 6000 日元但自己不是特别感兴趣的展览，美轮会进去看吗？这样，就不是为同一个展览花两倍的钱了，她能够接受吗？如果她进去看了，我们也许会觉得，还不如去看原来的那个展览好。请思考一下此时美轮的心理过程。

情景 1 中的美轮看了偶遇的另一个展览后或许会觉得："这个展览真不错啊，会不会比之前的那个还好呢?"

人们总是倾向于合理化自己的行为，特别是对于自己选择的行动，人们总是希望给出一个合理的解释。"虽然也可以用 6000 日元去看原来的展览，但不知道为什么，就是没有心情去看，说不定就是潜意识里觉得那个展览可能并不适合我。看了这个展览后，更加印证了我的想法。选择看这个展览是正确的。"

你是否有过这种心理活动："不小心买了两本同样的书。即便立刻卖掉其中一本也会亏钱，而且我肯定是因为太喜欢这本书了，所以才一不小心买了两本。既然这样，那就把其中一本用来收藏好了。"这里的买书只是一个例子。换句话说，人们常常在做了某件令人懊恼的事情之后，给它附加一些意义来合理化自己的行为。故事中的美轮同样在用这种心理来调整自己的心情，可以说也是一种投机取巧吧。

发散思维情景 2

假设美轮本来就打算当天去现场买门票而不是提前买好，然后，她在去往展览会场的途中弄丢了 6000 日元，这时，故事中的美轮又从钱包中取出 6000 日元买了票。

这里，请大家先忽略"怎么刚好只弄丢了 6000 日元"的槽点。接下来，我们一起来思考一下美轮弄丢 6000 日元后的心情。

虽然不知道美轮钱包里总共有多少钱，但很明确的是，她现在弄丢了 6000 日元。只不过，这时的 6000 日元还只是单纯的 6000 日元，本来也没有计划好用在什么地方。因此，美轮现在去买门票的话，就不会有"加上途中弄丢的 6000 日元，我为这个展览花了 12000 日元"的感觉了。她会认为因为弄丢了 6000 日元，所以今天的消费增加了 6000 日元。实际上，在弄丢 6000 日元的门票与弄丢 6000 日元现金这两种不同的情况下，她买票的概率也会出现差异。

无法使用已购买的 6000 日元门票与单纯弄丢 6000 日元并不是一回事，人们所采取的行动会相应发生变化。所以，如果从逻辑上来看美轮的做法，可能有人说她并没有站在全局的高度来看问题，而是被情感左右了。人的大脑是复杂的，情感常常会左右人们的行为。在经过情感的加工后，6000 日元的意义就完全变了。

至此，我们讨论了不同的观点，也设想了不同的情景。如果是机器人的话，肯定就不会做这种不合理的选择了吧。我们的大脑在思考时会给自己添加各种条件，总是在忙碌地运转，因此会消耗大量的能量。当你感到自己作判断时变得迟钝了，可能就表明，你的能量消耗过大了。此时，试着发发呆，想想喜欢的事情，或者笑一笑，重整一下自己的心情吧。

电竞运动与男子的眼泪

印象很好与印象不好指的是什么？

　　小司的梦想是把电子竞技作为自己未来的职业，然而，父母却很反对。俩人说："打游戏给人的印象不好，这种工作也不可能做一辈子。" 小司却认为："就算是奥运会参赛选手或者职业网球运动员，他们也不能一辈子都当运动员，退役后不也是转行做教练等，另谋出路的吗？" 所以，小司对电子竞技的喜爱有增无减。

　　小司觉得："什么是印象？为什么打游戏给人的印象就不好呢？为什么人们把打游戏的人称作宅男，认为做这种事情不光彩，而把那些踢足球、打高尔夫球的人称为运动员，认为他们很棒呢？如果大家都认为打游戏是一件很炫酷的事，那么父母就会支持自己了。"

　　第二天，小司来到学校，看到自己的朋友楨人在一群女孩子中间正哇哇大哭，原来是班上养的兔子死掉了。"喂，楨人你这么哭太丢人了，跟女生似的！""可我忍不住啊，为什么男生就不能哭呢？"

小司听到这话后愣住了。"这跟人们说电子竞技给人印象不好不就是一回事吗？为什么女生哭了就可以被原谅，还被夸可爱，而男生哭了却要被指责丢人呢？因为男人哭泣给人'印象'不好吗？为什么人们总是主观地认定什么是好的，什么是坏的呢？明明我们又没做过什么坏事。"

如果是你，你会怎样向小司解释这种情况呢？

东方出版社
The Oriental Press

稻盛和夫 项目组 作品汇集
—— 2022.11 ——

《经营之心：助力企业的"心"领导》

近几年，我们的生活方式、工作方式都发生了很大变化，许多企业也受到强烈冲击，甚至影响未来的存续。在这场严峻的考验面前，企业怎么办？谁才有机会活下来？日本"经营之圣"稻盛和夫有答案。作者稻盛和夫创立两家世界五百强，拯救濒临破产的日航，他用超过 50 年成功经验和非凡成就，告诉企业该如何应战：唯有利他之心才能打造高收益企业，度过美好的人生

手掌口袋书

稻盛和夫、松下幸之助小型精装版（尺寸 130*185mm）

《稻盛和夫的实学：活用人才》（口袋版）

稻盛和夫送给中小企业经营者的经营指南书，精准解析阿米巴经营模式下的用人之道。

《漫画稻盛和夫领导者的资质》

理解稻盛哲学和经营实学的入门书、突破领导困境的指南、打造优质领导的成功心法。

《漫画稻盛和夫的哲学》

《活法》漫画版。理解稻盛哲学和经营实学的入门书、改变年轻人"心"思维方式的成长之书

《锻造地头力》（漫画版）

"地头力"畅销 30 万册。在人工智能时代，掌握突破思维定势、升级认知的三大思维方式，寻求职业发展新逻辑，锻造不可取代的职场力。

《稻盛和夫：人生指针 经营之心》

一书三用！多功能图书，一日一句稻盛金句 + 笔记本 + 装裱 / 书签，送给自己或亲友、员工的最佳礼物书

《德是业之基：当代日本经营之圣稻盛和夫的经营哲学》

10 篇稻盛和夫演讲稿、多篇中日企业家学习稻盛经营哲学的心得体会、多篇知名学者对稻盛哲学的研究评价，国内较早正式出版的传播稻盛哲学的专著再版，本书将指引您深入领悟稻盛经营哲学的真髓。

《阿米巴经营导入手册》

以引进阿米巴经营的三家企业为例，阐释何谓阿米巴经营、该如何引进和运用、导入前后发生的何种变化，清楚勾勒出阿米巴经营导入的路径。

《天心：松下幸之助的哲学》《成事：松下幸之助谈人的活法》

松下幸之助着眼于人的发展探讨了人生与经营、判断事物的基准和思维方式，提出不要仅以个人的利害得失来看待事物，倡导用一颗素直之心看透事物的本质，顺天命而谋生存。松下电器中国东北亚公司总裁本间哲朗真诚推荐。

2022 新书

《智慧力：松下幸之助致经营者》

松下幸之助从转变思维方式，处理与员工、合作伙伴、竞争对手和顾客的关系等方面，传授经营者进阶的智慧，助力企业拓宽发展之路。

《感召力：松下幸之助谈未来领导力》

松下资料馆首次公开"经营之神"松下幸之助的"活法"。感召力是一种人格魅力，是面向未来的最有人情味的领导力。本书旨在帮助有理想的普通人提升感召力。

《精进力：松下幸之助的人生进阶法则》

"精进力"就是始终"精心一志，努力上进"的能力。本书的365篇短小精悍的文章，囊括了松下幸之助的哲学思考，作为经营者对企业持续发展的思考，还有对年轻人的种种教诲。

《应对力：松下幸之助谈摆脱经营危机的智慧》

本书记录了松下电器在遭遇危及企业生存发展的经营困境之时，松下幸之助的应对举措。它是帮助企业摆脱困境的宝典，更是领导者带好团队、打造精英团队的必备读物。

《拥有一颗素直之心吧》

松下幸之助和稻盛和夫大力倡导！成功人士素养！没有素直之心怎能过好这一生！

《领导力的本质：向松下幸之助和稻盛和夫学习》

学习日本式经营的领导力实务手册。呈现松下幸之助和稻盛和夫的思维方式，洞穿日本式经营的精华，让经营管理变得更有人情味。

新书

《图解生活中的行为经济学》

揭示人们的非理性行为，改变错误认知从而做出合理决策。

（平装）

（精装）

《稻盛和夫自传》

稻盛和夫亲笔撰写的唯一传记。由曹寓刚和曹岫云共同全新翻译。全书以稻盛和夫的人生经历完整再现稻盛哲学，思维方式决定人生，京瓷阿米巴的生成路径。

《创造京瓷的男人：稻盛和夫》
《"挑战者"稻盛和夫》

独家再现稻盛和夫是怎样从白手起家，打造世界500强企业京瓷和KDDI的全过程。

《日航的奇迹》《日航的现场力》

稻盛和夫亲自推荐。在稻盛和夫身边做了二十几年秘书的大田嘉仁执笔，真实记录了日航重建的全过程，阐释出了其中蕴含的经营与人生的真谛，更是给广大读者展示了一个践行稻盛哲学的鲜活案例。

《利他心》

畅销书《活法》的思想源泉。利他是人生和经营的原点。随书赠送"利他心"书法作品一幅。

《稻盛和夫为什么能持续成功》

超级畅销书《活法》的必备辅助读本。了解稻盛和夫思想发展轨迹，摸清稻盛经营哲学的本质，了解"稻盛和夫"是如何炼成的，汲取自己成长的养分，成就幸福人生。

《稻盛和夫经营哲学 50 条》

作者皆木和义作为盛和塾原东京负责人，结合自身经营企业的实践，形成 50 条干货满满的心得体会，帮助企业走出困境。你只要做到其中一条就成为了稻盛和夫。

曹岫云作品

领悟稻盛和夫哲学真谛
学习中国传统文化精髓

告诉你如何用稻盛哲学
与王阳明心学解决工
作、生活中的难题。

"稻盛哲学"的深度解读！
日航重新上市的再生之道！

全方位地了解经营之
圣稻盛先生的传奇人
生经历和经营哲学。

《思维方式》

所谓"思维方式"就是我们所持有的思想、哲学，或称为理念、信念也可用人生观、人格表示，也可称为"人生态度"。稻盛和夫坚持作为人应该有正面的"思维方式"的哲学，从而追求人的无限的可能性。

《稻盛和夫的哲学》

稻盛和夫思想的具体呈现。用浅显易懂的语言，从心智、欲望等多个维度深入探讨了"人为什么活着"这一哲学基本命题，并由此展现作者深刻的人生与经营智慧。

《心法之贰：燃烧的斗魂》

"燃烧的战魂"是稻盛先生一直提倡的"经营十二条"中的第8条。他在书中探究了"人心究竟拥有多么强大的力量"，也就是人生应有的状态。

《心法之叁：一个想法改变人的一生》

稻盛先生现身说法，回顾自己的人生岁月，畅谈"思维方式的重要性"。本书相当于一部事业传记。

《心法之肆：提高心性 拓展经营》

稻盛和夫的处女作，回顾了在50年的经营管理过程中，所经历的种种困难和获得的经验教训，综合阐述了其哲学思想。最终提出了"提高心性拓展经营"是人生和事业的追求。

《心与活法》

稻盛和夫用丰富的人生和企业经营经历阐释何谓"心态决定命运"。全书分为三部分：度过美好人生，心与经营，人生哲学是我的精神支柱。强调心态一改天地宽，改变心态不仅可以重塑自己，也可以决定事态的发展。领导人必读。

（小精装）　　　　（皮面精装）

《京瓷哲学：人生与经营的原点》

本书是稻盛和夫的"想法"和"活法"的原点，汇集了其八十多年来的经营活动和人生旅程的精华。

《付出不亚于任何人的努力》

稻盛和夫一路走来未曾改变的人生信条。改变自我、驱动他人，在职场、家庭发挥最大潜力的勇气之书。稻盛和夫领导生涯之洞见，各阶层领导者必读指南。

（平装）　　　　（精装）

活法 中国销量突破 550 万册

稻盛和夫的代表作，回答"人如何活着"，即人生意义和人生应有的状态；第一次系统阐释"成功方程式"，以及个人心性与企业品格的关系。

马云、季羡林、樊登强力推荐，是风靡全球的超级畅销书。

《活法》（2019 年版）

风靡全球

企业家首选心灵读本 中国销量突破 550 万册

稻盛和夫将其多年心得以质朴的文字娓娓道来，企业经营者可从中领会企业发展之路，而普通人亦将感受到高境界的为人之道。

  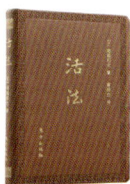

《活法》珍藏版　　　　《活法》大字版　　　　《活法》口袋版

《与年轻人谈稻盛哲学》
《活法青少年版：你的梦想一定能实现》

送给青少年读者的稻盛和夫思想读本。青少年只要拥有正确的思维方式，青春期就不再彷徨。

《培育孩子的美好心灵》

《活法》亲子实践版。

稻盛和夫写给全世界孩子的书，他说："人的一生最重要的事儿是培育美好的心灵。"让孩子拥有正确的思维方式。

写给全世界孩子的一本书。

 扫描二维码
关注活法百万粉丝公众号
自利利他 分享活法
电话／微信：18613681688

 扫描二维码
了解"稻盛和夫专题"

5

观点 1

打游戏会影响学习，是成绩下降的代名词。即便说是电子竞技，给人的感觉也不好。一说到游戏，就会让人联想到"宅男"。而且电子竞技也不像其他运动那样对人的身体有益。

从小学到高中，相信很多人都被教育过"别打游戏，好好学习"，玩上瘾后就会导致学习懈怠。打游戏就是这么令人头疼。

从社会的角度来看，热衷于一件事，应该是能够让人学到知识、强身健体，或者有助于成长的。但是，喜欢打游戏的人，无论实际情况如何，总会给人下面这些印象：

· 把学习抛在一边只顾打游戏。

· 只对打游戏感兴趣，其他都觉得索然无味。

· 不擅长运动，或者讨厌运动。

· 只顾打游戏，导致成绩不好。

· 内向，不爱出门。

·只在游戏的世界里畅游，逃避现实。

·无论打游戏的技术多么精湛，对现实生活都没有意义，它不是一种实用技能。

·即使熟知他人创建的虚拟世界，也没什么用。

·如果发展成网络依赖症就糟了。

另外，如果一个人的兴趣爱好是网球的话，又会给人什么印象呢？

·清新爽朗的感觉。

·能锻炼身体，很健康。

·运动神经很好，很帅。

·有活力，走路轻盈。

·很多人文武双全，很多人成绩很好。

·即使不打网球了，锻炼出来的身体和体力在社会上也能发挥作用。

·在体育训练中学会的礼节估计对今后也会有用。

·即使沉迷其中，也是一段青春闪耀的时光。

特别是在日本，由于电子竞技还没有普及，所以人们会认为打游戏的就是宅男，打网球的才是运动员，对两者的印象差距非常大。当然，人们对于后者的印象是正面的，这是不争的事实。

有很多人在沉迷于游戏时，会莫名地产生一种罪恶感，或者有一种自己变得一无是处的感觉。这是受到了社会眼光的影响，因为社会上往往会将打游戏的人等同于宅男。男人哭泣会被贴上"软弱""丢人"的标签，甚至还有人恶毒地评价为"恶心"。然而，女人则不同，女人哭泣反而给人一种"示弱""装可怜"的感觉，而这些印象在男人的眼泪中都不存在。

难道果然如观点1所说，打游戏既会影响成绩，又不能锻炼身体，所以给人留下不好的印象是合情合理的吗？还有，男人流泪也只能被说成是丢人吗？

☞ 印象不好是有原因和背景的，所以这在某种程
思考 度上是没有办法改变的吗❓

观点2

印象是社会单方面决定的。一个人怎么做应该由他自己决定，与别人怎么想无关。

故事中的小司就认为："为什么人们总是主观地认定什么是好的，什么是坏的呢？明明我们又没做过什么坏事。"确实，不管男人是流泪还是沉迷游戏，他们都不是在做坏事啊。

　　正如观点 2 所说，坏印象都是社会强加的。而且，为什么男人流泪就是懦弱、女人流泪就是狡猾呢？为什么女人可以穿裤子，而男人却不能穿裙子呢？性别到底改变了什么？

　　如果是平安时代的贵族男性，看到美丽的风景时流泪，证明他深刻地感受到了美。如果不流泪，反而说明他感受力低，理解不了美景，会给人留下不好的印象。还有，古装剧中的男性经常穿"袴"（和服裙裤——译者注）。古代男性可以按自己的喜好来选择穿像裙子一样中间没有隔断的"行灯袴"或者中间有隔断的"马乘袴"。一直到明治时代，男性都是既可以穿裙子也可以穿裤子的。可以说，历史和习惯给生活在当时社会中的人们的心里植入了某种"标准"，正是基于这个标准，才产生了或好或差的评价。

　　对于电子竞技和男人眼泪的负面评价，也正是因为现代社会所决定的"平均值"和"标准"认为这两者不好。可话又说回来，谁知道 100 年后的男性会不会把涂口红、穿裙子当成日常呢？或许女人还会理所当然地认为，流泪的男人没有男人味儿，从而心生厌恶。

今后也完全有可能出现一种新观点，认为电子竞技才是真正的运动，而网球、马拉松这些运动让人徒增肌肉，不做也罢。如果人们认为，用药物或者机械来增加肌肉才是聪明之举，那么运动所带来的强化体力与增加肌肉的附加价值也就消失了。

如此，观点 1 中所列举的那些印象就会完全变样，打游戏给人的印象就变成了是可以开发智力、能够赚钱、能够证明较强的忍耐力和集中力的活动。话虽如此，要想融入当下社会，而非 100 年之后的社会，男人还是不要轻易流泪、不穿裙子为好。追求电子竞技，也难以保证能给人留下好印象。

☞ 印象是社会单方面决定的，反抗它的风险很
思考 大吗❓

迎合与不迎合之间的平衡

人们常会有一种屈服于"同步压力"的心理。同步压力是一种无意识间也能感受到的压力，督促我们要与他人保持一致。这种压力让多数吞并少数，强迫少数服从多数。

因为这种压力，我们很多时候都在与周围保持着同步。有时候我们是不情愿的，有时候却是无意识的。比如，周围的人都在加班，自己虽然已经完成了工作，但兀自回家好像还是有点不妥，只好也留下来加班。为朋友结婚准备份子时，要与周围人保持一致的金额，这也是一种来自同步压力的强制心理。在回答小司的"为什么男人不能哭""为什么电子竞技给人印象不好"这些问题时，我们可以解释是因为无意识的同步压力已经渗透进了社会。

与周围保持一致，某种程度上确实能够顺应社会的大潮流，但有时也会让人感到束缚。然而，无论哪个时代都有一群被称作异类、不懂顺势而为的人。这些人引得周围的人投去既羡慕又嫉妒的目光，备受瞩目。不知道是他们对"同步压力"的耐受力强呢，还是根本没有意识到要"同步"这回事儿，人们对这些异类的关注，或许正是来自对他们打破社会压力的期待。

真诚地希望人们不要因为太在意周围人的看法而让自己疲惫不堪，要从中抽身出来，审视社会和自己，拓宽心灵的视野。

从不同角度来看《海的女儿》

换个视角重读家喻户晓的童话

　　人鱼国的国王有六个女儿，由于王妃很早去世，人鱼公主们是由祖母抚养大的。其中，要数最小的公主长得最为漂亮。

　　"我们人鱼虽然能活到 300 岁，但死后就会变成泡沫，消失在大海里。人类虽然只能活到 100 岁，但死后灵魂还在。不过，如果我们能得到人类的真爱，那人的灵魂就会融入我们的生命，我们就能获得不灭的灵魂了。"祖母常常说起一些关于人类的事情，让公主们对人类充满了兴趣。

　　人鱼国规定，人鱼公主们在长到 15 岁的时候必须游到海面上去。不久后，年长的人鱼公主们相继迎来了 15 岁，出现在了人类世界。如果她们在海上遇到失事的船，便会歌唱道："海中美丽异常啊，不用惧怕沉入海底啊。"

　　终于，最小的人鱼公主也长到了 15 岁。她怀着激动的心情浮出海面，正好遇到了一艘船，在这艘船上有一位非常英俊的王子，小美人鱼一见倾心，爱上了王子。后来，暴风雨来袭，轮船失事，船上的人们纷纷落入海中，王子也是其中之一。见此情景，小美人鱼马上游到王子身边，拼命将王子救上岸，并且在他耳边轻轻呼唤，想等他睁开眼睛。正在此时，岸边恰好有几个人也发现了王子，跑了过来，其中，便有一位年轻的女孩（邻国公主）。小美人鱼吓了一跳，赶忙躲入了海中。女孩轻声呼唤王子，不一会儿，王子睁开了眼睛。王子醒来后，以为是眼前这个女孩救了自己，便带她回了城堡。

"救你的明明是我啊……"小美人鱼很不甘心地回到了海里。从第二天开始，小美人鱼开始频繁地浮出海面。她每天朝着王子的城堡游去，凝望着王子。在这些日子里，她越发关注起人类来。

小美人鱼对王子的爱慕日渐深厚，最终她决定向女巫求助："求求你，让我变成人吧。"作为变成人的代价，女巫取走了小美人鱼美丽的声音。女巫还告诉小美人鱼，由鱼尾变出来的两条腿每走一步都会像刀子刺进身体一样疼痛难忍，而且，如果没能与王子结婚的话，她就会变成泡沫，永远消失。

　　即使变成人的代价如此之大，小美人鱼的内心也丝毫没有动摇。她接受了这些条件，决心变成人。女巫割掉了小美人鱼的舌头，夺走了她的声音，然后把药水给了她。

　　小美人鱼到达城堡后喝下了药水，便失去意识昏倒了，是路过的王子唤醒了她。小美人鱼想告诉王子"那时候是我救了你"，但是她发不出声音。之后，王子把小美人鱼带回了城堡。

渐渐地，王子爱上了小美人鱼，但是，那只是兄长对妹妹的爱，王子并没有想过让小美人鱼成为自己的王妃。王子一直期待与救了自己的女孩结为连理。当王子即将实现自己的愿望时，他对小美人鱼说："你也会祝福我的吧？"

　　小美人鱼非常绝望："救你的明明是我啊，恐怕你永远也不会知道了……"这时，小美人鱼的姐姐们出现在小美人鱼面前。她们剪掉了美丽的头发，把头发送给女巫，换来了一把拥有魔力的匕首。姐姐们对小美人鱼说："用这把刀刺进王子的胸膛，杀了他，你将变回人鱼，也就不会变成海里的泡沫了。"

　　于是，小美人鱼手持匕首来到了熟睡的王子面前，但她还是不忍心下手。最后，小美人鱼跳入海中，变成了泡沫。当小美人鱼回过神后，发现自己变成了空气精灵。其他的空气精灵对她说，如果能连续做 300 年的好事，就能获得永不消失的灵魂。然后，小美人鱼便与这些空气精灵一起飞向了天空。

　　小美人鱼令人痛心的爱恋以及舍弃自己的生命来成全他人的高尚之举，让人们为之感动。这个故事把最后变成泡沫从王子面前消失的小美人鱼刻画得既悲伤又美丽，虽然结局并不圆满，却一直流传至今。

为什么小美人鱼的故事至今深受人们的喜爱呢？接下来我们将围绕这个故事展开逻辑思考，看看会得出怎样的结论。

你认为小美人鱼为什么会接受变成泡沫的条件呢？能否抛开悲剧结局来讨论这个故事？请从不同角度来思考小美人鱼的做法。

1836 年，丹麦作家汉斯·克里斯汀·安徒生发表了童话故事《海的女儿》。这篇童话故事成了安徒生的不朽名作，一直深受人们的喜爱。《海的女儿》还是迪士尼动画片《小美人鱼》的原型。

在与安徒生有着深厚渊源的丹麦哥本哈根市内，有一座小美人鱼的雕像，如今已成为世界著名的旅游观光景点。只不过，这个雕像只有 1.25 米高，而且前来参观的游客常常络绎不绝，游览体验不是很好。所以，小美人鱼雕像是一个非常有名的令人失望的观光景点。

观点 1

小美人鱼为了变成人，接受了非常苛刻
的条件。她想成为王子的唯一伴侣，但这个
概率几乎为零。这样的悲剧结局，可以说是
显而易见的。

只要理性思考一下"若不能与王子成婚就要变
成海里的泡沫"这个条件，就能明白这是一个非常
可怕的交易。王子只能从世间所有的女人中选择一
个人，而且这个人还必须是不能说话的小美人鱼。
不会写字的小美人鱼失去了语言功能后，是完全无
法向别人表达自己的所思所想的。可以想象，王子
选中小美人鱼当王妃的可能性是非常低的。

即便如此，小美人鱼还是接受了这个条件。明
明很容易想到这必然是一个悲惨的结果，她为什么
还要这样做呢？为了发散思维，我试着列举以下几
种可能：A 小美人鱼一开始就没有想着能和王子结
婚，她只是想尽可能地陪伴在王子身边。B 小美人鱼
对自己的容貌十分有信心，相信自己能与王子结婚。
C 小美人鱼觉得无论如何也要把自己救了王子这件事

情告诉他。D 小美人鱼这样做，除了想与王子结婚外，可能另有隐情。考虑到小美人鱼故事的悲剧色彩，原因为 A 的可能性非常大。她年仅 15 岁并且满腔热情，这些可能导致她想不到自己的未来会是什么样的。B 的可能性也是存在的。小美人鱼是六位人鱼公主中最漂亮的公主，而且很多故事的模式是让公主以美丽为武器，成功与王子订婚。关于 C，故事中的小美人鱼只是一直在用眼神来表达自己的想法，所以她应该没有对告知王子真相这件事抱有期待才对。

就算出现奇迹，王子主动问小美人鱼："救我的人难道是你吗?"小美人鱼听到后也连忙点头。但是，说不定王子还会追问"你是怎样救我的""这是真的吗"，估计王子也难以相信是小美人鱼救了自己。而且，另一个女孩（邻国公主）确实是亲眼看到了王子并跑去救了他，她肯定也不会说"搭救王子的人不是我"。

关于 D，我们放到后面再说。我们现在再来考虑一下 A。如果只是"想陪在王子身边"，那么小美人鱼后来就不会持刀进入熟睡的王子的房间里了。因为如果杀了王子，他们就不能在一起了。而且，小美人鱼已经陪伴了王子一段时间，已经实现了愿望。不过，也有可能她最初确实只是想和王子在一起，但当自己的生命受到威胁时，选择保命而杀死王子也不奇怪。还有一种可能是，她不想让姐姐们的努力白费。

👉 小美人鱼为什么会这样做？发散思维考虑一下，
思考　你会得到什么样的结论呢❓

观点 2

> 这个故事告诉了我们一个道理，即使做出牺牲、遭受痛苦，很多事情也不会有回报。

这个观点试图让人们平静地接受坏的结果。现实世界非常残酷，即使做出牺牲也不一定会有回报。无论怎样努力，能够挤过独木桥的只会是一小撮人。

小美人鱼被割掉舌头，夺去声音，每走一步就会有钻心的疼痛，而且如果不能与王子结婚，便会面临变成泡沫的命运。虽然小美人鱼为了变成人和

王子在一起付出了如此大的代价，但是梦想破灭后，
她最终还是变成泡沫消失了。

如观点 2 所说，这个故事是要告诫我们，世上的
事情并非都能如愿以偿。如果《海的女儿》真是要
告诉我们这样一个道理，那它确实描绘了一个很残
酷的社会现实。但如果仅仅是这样，这个故事应该
不会被这么多人喜爱吧。一直被这么多人喜爱的原
因是什么？

小美人鱼真的没有获得任何回报吗？下面的观
点 3 则认为，这个结局其实并不坏。

观点 3

> 小美人鱼一直是按照自己的意愿行动的，
> 她是一个积极努力的人。虽然表面看起来结
> 局并不圆满，但她用实际行动开辟了自己的
> 人生道路。

在女性难以进入社会、参与社会事务的年代，
小美人鱼用自己的决定推动着故事的发展。小美人
鱼在力图救助溺水王子的强烈意愿下，把王子送上

了海岸，又自己做决定变成了人。虽然无法说话，但她实现了陪在王子身边的愿望，就连最后赴死，也是她自己的选择。

与那些或被恶人抓住、或被不幸的命运捉弄、或一味等待救助的其他故事女主角不同，小美人鱼闪亮耀眼。这种独树一帜的故事主题，或许也是其受欢迎的原因之一吧。小美人鱼是果敢的、积极进取的主人公。

如果小美人鱼采取行动的原因是观点4中的D。那么可以想象，"另有隐情"可能是"让人类爱上自己，将灵魂分给自己，从而获得永恒的灵魂"。最后变成了空气精灵的小美人鱼，确实通过自己的行动力和决断力达到了永生的目的，也可以说她是一个胜利者吧。

从这个角度来思考的话，小美人鱼不仅没有变成泡沫消失，还保留了将来如愿成为人类、变成像人类灵魂一样的永恒存在的可能性。如此看来，这个结局并不算悲惨。小美人鱼最后争取到了希望与目标，即努力300年就能获得不灭的灵魂。从这一点来看，也可以说是一个积极的结局。

《海的女儿》是讲述了一位意志顽强的女性争取不灭灵魂的故事吗❓

观点 4

从王子的角度来思考的话，只不过是小美人鱼单方面地暗恋自己，然后又突然消失不见了。我认为小美人鱼是一个任性的公主。

细细分析这个故事，我们就会注意到几个奇怪的地方。首先，小美人鱼为了变成人类，把"声音"作为交换条件给了女巫。小美人鱼是否有必要付出如此沉重的代价呢？而且，"如果不能与王子结婚就会变成泡沫消失殆尽"这一点也让人存疑。观点 4 并非如观点 1 那样在考虑达成目的的可能性，而是在考虑这些条件对他人产生的影响。

当我们看到小美人鱼面临"如果不能和王子结婚，我就得死……"的选择时，会觉得小美人鱼非常可怜。但是，如果从王子的角度来看，情况就变成了"一个陌生女子突然出现在自己的面前，还带着'如果不和我结婚，我就会死'的可怕诅咒"。

在知道了这些事实后，王子还会觉得这个女人好可怜，我一定要与她结婚吗？王子恐怕反而会觉得很恐怖，"这是一个新型跟踪狂，跟踪手段太新奇了"。王子可能还会被迫作出艰难的抉择，"如果不和她结婚，就相当于杀了她"。如此一来，故事的走向就会发生翻天覆地的变化。幸运的是，小美人鱼并不能告诉王子这个事实，故事情节得以正常向前推进。如果被告知事实，王子将会陷入悲惨的境地。明明什么坏事都没做，却因为小美人鱼而背负杀人未遂的罪名。

在王子看来，自己那么疼爱的小美人鱼，居然趁自己睡着时，手持匕首悄悄来到自己身旁想要杀死自己。如果小美人鱼那时用匕首杀死了王子，那么这个故事就变成了一个单纯的杀人故事。"明明是我救了你，你却迟迟不能明白我的心意。不愿和我结婚的话，那你就去死吧。"

此时，我们仿佛能听到王子在喊冤："我什么都没听你说过，又怎么会知道这些……"取走舌头的女巫、拿到能够杀死王子匕首的姐姐们、想要杀死王子的小美人鱼，这样一来，《海的女儿》会变成一个恐怖的故事。从小美人鱼的故事中，我们可以吸取的教训是，不能凭外表相信人，人的想法很难传达给别人。

☞ 从王子的视角来看《海的女儿》，这个故事会
思考 变成一个恐怖女人的故事吗❓

至此，我们从不同角度思考了《海的女儿》。这个故事仅由安徒生一人创作，当初可能并没有蕴含这么多含义。而且，故事的创作一般与时代背景密切相关。或许安徒生在"死后成为永恒的灵魂"这个结局中，找到了超越现实痛苦的幸福。

《海的女儿》成为家喻户晓的童话，被人们理解和接受，证明了这个故事拥有强大的力量。从不同的角度来思考这类故事，是对人的想象力的一种挑战，可以锻炼人的思维能力和想象能力。现在，你从小美人鱼的故事中感悟到了什么？

第 5 章
最后的难题

锻造地头力的思维实验

没有冤案的社会

如果自己的思想被别人窥探了怎么办?

一种被称作"谎言探测器"的仪器实现了飞跃式的发展,它"知道人们正在思考的所有事情",它可以将人的梦境转换成影像,也可以将人们看到自然时的感动通过标记显示在屏幕上。例如,只要人在脑海中想象从车站到家里的路径,这台仪器的配套电脑就可以对脑电波进行解析,然后生成地图。如果作曲家使用了这个仪器,只需在脑海中进行准确想象,电脑就能生成乐谱。有了这台仪器,漫画家可能会变成最轻松的职业之一。

我最希望在搜查犯罪嫌疑人的现场使用这种"谎言探测器",因为只要有了它,就能知道犯罪嫌疑人在想什么,从而精准地识破其谎言。如此一来,就能百分之百地避免出现冤假错案了。没有理由不使用谎言探测器。因为它可以将犯罪嫌疑人所知道的事实转换成声音证词,所以几乎不可能发生冤假错案。

除了搜查犯罪嫌疑人,谎言探测器在社会的方方面面都大有用处，它绝对是一项伟大的发明。现在，这台谎言探测器还没有名字，在此我们姑且称其为"种子"。目前，人们正在逐步对它进行改良，将置物柜大小的"种子"变小，努力改进构造以便实现批量生产，"种子"的未来非常令人期待。

　　"种子"会带来一个没有冤假错案的世界，这样的世界真的好吗？

观点 1

没有冤假错案的确是一件好事，"种子"变成了一种约束力，犯罪率也会整体降低。为了建设更好的社会，当然有"种子"更好，而且，出轨的人也会减少。

从减少冤假错案意义上来看，没有比发明"种子"更好的了，谎言能被百分之百地识破。不用等犯罪嫌疑人张口，其所知道的事就能被种子全部破解。基本不需要调查人员拥有特别的技术，只要有操作指南就行，判案所需的时间也会大大缩短，还可以将案例数据化，建立数据库，方便以后分析犯罪时查阅以往案例。如果犯罪行为这么容易就能被识破的话，还能起到抑制犯罪的效果。

思考　某种仪器可以知道人的所思所想，就能有抑制犯罪的效果吗？

观点2

我不这么认为。一想到被警察抓到就完了，很多人肯定会拼命地逃跑。而且，还有可能出现抓错人的情况。比如，明明不是自己做的，却误以为是自己所为。如果"种子"也认定这是事实的话，就不可能做到百分之百避免冤假错案了。

"种子"对罪犯分子来说，绝对是一种威慑，但它也有弱点，那就是它无法探知"罪犯在哪里"。只要抓不到罪犯，"种子"就没有用武之地。如此一来，犯罪分子很有可能会因为惧怕"种子"而奋力潜逃。

此外，人们有时候会将明明不是自己做的事情误以为是自己做的。特别是在缺少外部信息、缺乏大脑刺激的密室等地方，人们很容易相信自己"做了"没做过的事。在承受巨大的精神压力的状态下往返于讯问室、看守所或者拘留所等地，这些地方也许就是促使人相信错误记忆的典型环境。例如，明明是你没去过的地方，警方却坚称你去过，甚至还说出了你去的原因和时间。在那种场合下，有的人就会认可警方的说辞，相信自己真的去过，并且以自己的口吻复述出来。明明平时从不吸烟，却会相信某起火灾是因为自己没有掐灭的烟头引发的。在日常生活中，这种情况的确令人难以置信，但人脑其实比我们想象中要脆弱得多，很容易就会被植入不可信的记忆。

人如果不断重复地观看某个画面，大脑就会将其认定为真实的画面并植入记忆，还会完全忘记信息的来源。也就是说，人会忘记这段记忆是源于自己的亲身体验还是从他人口中听说的。即使是被洗脑后植入的虚假记忆，大脑也可能毫不质疑地将其当成自己的真实经历。因为人会相信编造的故事，所以"种子"也会信以为真。如此一来，就不能说"种子"能够百分之百地避免冤假错案的发生了。

☞ 思考 人们会误解、沉浸于自己的想法，所以，即使了解他人所想，也并不能避免冤假错案的发生❓

观点 3

自己的思想会被别人窥探，这太恐怖了。思想、宗教、政治观点等信息如果被暴露，人就失去了自由。

在人际交往中，应该没有人会把所有事情都毫无保留地告诉别人。与并不亲近的人交谈时，即使心里觉得对方"太吊儿郎当了"，也没有人会毫不犹豫地直接说出这种负面言语。我们平时会筛选一下该说的话和不该说的话，判断之后再组织自己的语言。

即使对方是犯罪嫌疑人，如果我们"为了找到犯罪证据"而对他大脑里的所有想法进行地毯式搜索，估计会有很多人对这种做法持怀疑态度。

说不定心理学的专家们会注意到罪犯本人完全没有意识到的地方，然后判断"这个想法和这次犯罪有关"。即使这个判断是正确的，但是法院如果根据连犯罪嫌疑人自己都没意识到的内心想法去量刑的话，肯定会让人觉得这是司法机关单方面的强加迫害。

在日本，平常很少有人会谈论宗教和政治，很多人都在有意识地回避这个问题。就算是看电视节目，也几乎没有公众人物探讨这个话题。因为"种子"，本来不便为人所知的事情现在轻易就能被别人知晓，还有可能被政治所利用，这样想来，人们就难以对"种子"抱有好感了。因此，要想充分发挥"种子"的作用，就必须制定使用手册来严格限制它的使用范围和使用方式。只不过，使用手册也是人制定出来的，它真的能保证公平公正吗？

👉 如果存在一种能够让他人探知自己"思想"的
思考 仪器，社会应该怎么办呢❓

> **观点 4**
>
> 　　对于语言组织能力较差、不善言辞的人和语言残障人士而言，这个仪器就非常有帮助。应该好好改良它，让它为这些人服务。

这个观点认为，相较于调查犯罪，最需要"种子"的场合其实是充当失语者的辅助工具。2014 年日本富士电视台播出的电视剧《我存在的时间》讲述了患有 ALS（肌萎缩侧索硬化）的主人公拓人努力对抗病魔的故事。在故事最后，对于是否要用人工呼吸器，拓人难以抉择。因为使用这个装置必须切开气管，那他就再也无法发出声音了。

　　当咽喉癌等疾病已经无法好转时，病人就要面临永久性切开气管的选择，如此一来，他们将再也无法用咽喉发声。《我存在的时间》中的拓人面临着非常残酷的现实，他将无法与人进行语言交流，吸痰也会增加妻子小惠的负担。而且，继续活下去他的肌肉也只会不断僵化，到时候失去声音的拓人甚至都无法倾诉自己遭受的苦楚，只能独自忍受。这种不安和恐惧一直折磨着拓人。

　　在这种情况下，拓人最终还是找到了"活着"的意义，选择佩戴人工呼吸器。为了表达自己的想法，他借助霍金使用的那种眼球追踪设备，通过用眼睛扫描电脑屏幕上显示的字母表输入单词，从而完成与他人的交谈。只是渐渐地，这种沟通也变得越发困难。如果"种子"能进化到让拓人与他人的交谈畅通无阻的话，那么他对失去语言的恐惧就能得到缓解了。

　　只要在脑海中想象一下自己想说的话，电脑就能将其变成音频播放出来，那么，失语人士在与人交谈时，便能从看屏幕字母表的烦琐动作中解放出来，与一般人进行普通的对话了。当然，还需要创建一套系统，用以排除掉那些无须转换成语言的想法，但对于病魔缠身的人来说，"种子"这种仪器无疑已经是希望之光了。

　　目前，分析大脑思考内容的技术正在飞速发展。加利福尼亚大学伯克利分校海伦·威尔斯神经科学研究所的罗伯特·奈特教授的团队公开发表了成果，宣布他们通过用电脑来推算"大脑听到了什么单词"，对构成脑内语言的大脑信号进行数字化处理，成功将其转化成了音频。也就是说，只要想象一下话语内容，就可以将其变成声音从扬声器中播放出来。有很多人因脑梗死、咽喉癌等疾病丧失了语言功能，有了上述转换技术，就能帮助像拓人这样失去语言功能的重病患者"讲论"了。研究团队还表示："大概10年之后，辅助对话的机器便能像人工关节一样普遍投入使用了。"

☞ 思考　读心仪投入使用后，对于深受疾病之苦的人来说是好事吗❓

> **观点 5**
>
> 　　人们还可以使用这个仪器来把握自己的内心想法。可能在不久的将来，当人们不知该如何抉择人生方向时，就不用去请教占卜师，而是会向"种子"这种读心仪寻求答案了。届时，人们再也不会弄不清楚自己的想法。

　　估计每个人都有过身体行动早于思考的经历。据说，人的意识其实是在收到已经做好决定的潜意识的信号之后才产生的。比如，在餐馆吃完饭后，你犹豫不决，不知道甜品是选巧克力圣代还是选豆沙水果凉粉。如果选豆沙水果凉粉的话，还要不要在凉粉上面加个香草冰激凌球。在你做"吃巧克力圣代吧"这个决定的瞬间，其实你的意识已经收到了潜意识做好的决定。

　　如果这个观点是正确的，那么人们在面临重大抉择的时候，或许就可以让"种子"来读取自己的思想，然后通过看显示屏来获知自己潜意识的选择。

有朝一日，人们可能会一边看着显示屏一边嘟囔道："是应该继续待在 A 公司呢，还是跳槽到 B 公司呢？我觉得还是继续留在 A 公司吧。其实应该尝试一下新挑战的，但现在感觉还是下不了决心。嗯……今年还是在 A 公司努力做出点成绩吧。"如果"能让自己来告诉自己"该如何选择的话，那么自己的决定是否都可以交给仪器来做呢？如果是你，你希望让"种子"来告诉自己该如何做出重大抉择吗？

☞ 仪器能够解读大脑的想法，帮助自己做决定，
思考　这是好事吗❓

我们已经从多个角度探讨了读心仪的利弊，你对此有什么想法？"读心仪"兼有无限的可能性与危险性，可能在不久的将来就会投入应用。一方面，的确有些人急需这种技术；另一方面，我们也能够预见其被恶意利用的情况。你觉得应该在什么情况下使用"种子"呢？

狼来了
为什么不能撒谎?

　　在一个远离山村的牧场中,有一个负责照看羊群的放羊娃。他闲来无事想玩一个恶作剧:"我来吓一吓村民们吧。"于是他叫喊起来:"不好啦!狼来啦!"村民们一听,"不好了!"赶紧拿起武器跑到了放羊娃这里。然而,并没有什么狼。看到放羊娃和羊都没事后,村民们便回去了。

　　放羊娃觉得村民们慌忙跑来的样子真好玩,便又一次撒谎大喊道:"不好啦!狼来啦!"村民们再次手持武器赶到放羊娃这里,然而这次还是没有狼。看到放羊娃与羊都没事后,村民们又都回到了村子里。

　　放羊娃玩得津津有味,觉得找到了一个打发无聊时间的好办法,于是第二天又故技重施地喊道:"不好啦!狼来啦!"结果,村民们还是跑来了,发现放羊娃和羊群没事后便又回去了。

　　然而,情况开始逐渐发生变化。听到"不好了!狼来了!"后,赶来的村民越来越少,到最后,谁都

不来了。有一天，放羊娃正在放羊时，狼真的来了。放羊娃拼命地喊道："不好啦！狼来啦！"但是，根本没有村民赶去救放羊娃和羊群。最终，羊被狼吃得一只不剩。

这是《伊索寓言》里的一个故事。在此，我们将用它做一个思维实验：你认为羊群为什么会被狼吃掉呢？放羊娃的谎言真的罪不可赦吗？

村民们已经吸取了上当的教训。他们认为放羊娃喊"狼来了"只是为了引起别人的注意，所以不用管他。如果放羊娃把"狼"换成其他词，或许村民们就会来了。

当狼真来了的时候，如果换掉平时的谎言"不好啦！狼来啦"，而是喊"救命啊！野猪来了，谁来救救我"的话，或许会让心地善良、乐于助人的村民们意识到这次是真的"不好了"，他们跑来的可能性就会变大。

因为村民们被放羊娃骗过太多次，他们已经形成了这样一种认知，即放羊娃所说的"不好啦！狼来啦"是在开玩笑，骗大家跑过去。

所以，当狼真来了的时候，无论放羊娃怎样喊"不好啦！狼来啦"，村民们也只会觉得"又是骗我们的吧"。估计到最后，村民们在听到"不好啦！狼来啦"时，连眉头都不会皱一下。因为放羊娃的谎言已经是家常便饭了。

村民的认知:

基于放羊娃多次的恶作剧，村民们形成了这样一种认知。

```
┌──────────────────────────────────┐
│ ┌────────┐                        │
│ │ 村民辞典 │                        │
│ └────────┘                        │
│                                    │
│   当放羊娃喊 "不好啦！狼来啦"         │
│   ─────────────────────────        │
│                                    │
│   真实的意思是:                     │
│   这是放羊娃为了打发时间逗村民们玩儿时的用│
│   语。实际上狼并没来，即使去了也是白跑一趟，│
│   仅仅是满足了放羊娃的玩笑欲而已。      │
│                                    │
└──────────────────────────────────┘
```

　　放羊娃玩了一个错误的游戏，最后为此付出了惨重的代价。如果一个人总是给周围的人带来麻烦，大家就会认为这个人是那种只会给人添麻烦的人。结果，"村民辞典"诞生，放羊娃遭遇了悲剧。这个故事或许是想告诫大家，如果总给别人造成困扰，别人就不愿意理我们了。

☞　如果总是采取消极行动，周围的人就会把你定
思考　义为"那种人"吗？

村民们总是被放羊娃的同一个谎言欺骗，当然就不会再来帮他了。我认为放羊娃失去了信誉。

关于不能撒谎的理由，最显而易见的答案应该就是会失去信用。如果在一个社会中，撒谎是一种完全没有罪恶感的日常行为，而且擅长撒谎并获利的人会受到称赞，结果又会怎样呢？

"我们巧妙地让对方相信了虚假信息，成功拿到了合同！""再多生产一些这个毕加索的高仿画。反正只要说是毕加索的作品就能卖出高价！"如果这些事情变得理所当然，那么人们将不会再相信任何人。即使是在超市购物，都不知道该买哪个。因为"这款肉饼使用高品质肉类"可能是假的，"此服装为日本制造"可能是假的，"商品背面写的原材料"可能也是假的。

社会的基础是诚信，而谎言的泛滥会从根本上摧毁诚信。如此一来，社会就无法正常运转了。幸运的是，人类具有智慧，我们知道谎言泛滥会摧毁社会。所以，我们理解不能说谎这一规则的重要性，并且把它当作理所当然的常识铭记在心。故事里的放羊娃因为撒了几次谎而失去了村民们的信任，再也没人会相信他说的话了。

一项有趣的研究表明，人们越撒谎，就会越习惯撒谎，然后渐渐对撒谎失去抵抗力。谎言越发荒唐离谱，最终无法收场。《自然—神经科学》上刊登的伦敦大学的一篇研究论文就表明，说谎的次数越多，谎言的尺度也会越大。

该研究团队做了一个实验，让被试者观察一个放有硬币的透明盒子，然后回答盒子中的硬币金额。被试者需要与另一个人一起搭档参与实验。被试者以为，搭档跟自己一样也是普通的被试者，但事实上这位搭档是研究团队安排的"实验托儿"。"实验托儿"知道整个实验内容，但为了不让真正的被试者察觉，他会假装不知道，与被试者一起接受测试。

实验人员先让被试者看透明盒子的图片，确认盒子里的硬币金额。图片很大，可以看得很清楚。与此相反，"实验托儿"只能看到模糊的小图片。"实验托儿"知道实验目的，所以故意装作看不清楚，请被试者告知透明盒子里的硬币金额。这样一来，被试者就知道自己的搭档看不清楚图片。接着，实验人员要求被试者给搭档提建议，帮助搭档回答出盒子里的硬币金额。实验人员给被试者提供了以下几个条件：

条件 A

如果搭档的答案高于正确金额，你将获得大额奖金。如果搭档的答案接近正确金额，搭档将获得大额奖金。也就是说，你和搭档只能一人获利。

条件 B

如果搭档的答案高于正确金额，那么你和搭档都将获得大额奖金。

条件 C

如果搭档的答案接近正确金额，那么你和搭档都将获得大额奖金。

条件 A 与条件 B 意味着撒谎能够让被试者获利。实际上，在条件 A 或条件 B 的情况下，每重复一次实验，被试者撒谎的尺度就变大一些。撒谎时大脑相应部位（小脑扁桃体）的活跃度也渐渐变弱。也就是说，被试者越来越习惯于撒谎了。在条件 C 下进行的实验中，基本上没人撒谎。条件 A 与条件 B 相比，条件 B 实验的撒谎概率会明显上升。出现上述情况，可能是因为被试者想让大家都获利或是不好意思让对方受损。

《狼来了》故事中的放羊娃，在第一次撒谎时，可能多少也会觉得："虽然挺有趣，但是自己做了坏事。"不过，这种感觉会随着撒谎次数的增多而慢慢减弱，放羊娃大喊"不好啦！狼来啦"时的口气也变得越来越真实。结果，村民们担心"这次可能是真的"的不安感也被消耗殆尽。到最后，无论放羊娃喊叫得多么撕心裂肺，村民们也不再来了，因此放羊娃的羊全被狼吃了。

谎言的可怕之处在于，人会在撒谎的过程中逐渐变得淡定，而且，小脑扁桃体的反应也会渐渐变得迟钝。这种大脑的变化是人人都无法回避的巨大陷阱。我们再举一个关于商品质量问题的例子。假设某人在商品中掺杂了一些稍微不达标的次品，这个人最初肯定会撒谎说："只是这一次有问题。只是这次偶然检测到个别产品没达标，所有检测结果平均下来肯定是达标的。"

但下一次他还是会混入一些不合格的产品，接着是第三次、第四次，随着这种"仅此一次"的不断累积，不知不觉中掺假行为就会变得理所当然，掺假的程度也会越来越严重。撒谎失去了罪恶感，谎言就会逐步升级。当你看到那些因诈骗罪而被逮捕的人时，肯定不止一次惊讶于其诈骗金额为何如此之大。为什么他们居然能骗到这么多钱，简直太不可思议了。其实，这也和人的小脑扁桃体的迟钝与谎言的升级有关。因为诈骗犯对诈骗行为会渐渐变得无所谓，手段也就越发大胆了。

只要到了一定的年龄，估计全日本都找不到一个从没撒过谎的人。不仅如此，肯定也会有满嘴谎言的人。可能你也有过在多次重复同一个谎言之后变得若无其事的经历。或许，留一些时间来反思自己有没有习惯了某件奇怪的事情也是很重要的。

☞ 人习惯撒谎，那失去的信誉就无法恢复了吗❓
思考

观点 3

　　从观点 1 可以联想到紧急地震速报。因为我们对地震司空见惯了，有时即使收到了地震预警，可能也不会去避难，这与《狼来了》的故事有相通之处。

　　接下来，我们从村民的角度来思考这个故事。因为村民们已经过于习惯放羊娃的"不好啦！狼来啦"，所以才没能意识到真正危险的来临。但如果村民们经常留意放羊娃的喊话声音，或许能注意到因为紧张而引起的音调差异，从而意识到或许这次是真的。但是因为他们已经习惯了，所以非常容易漏掉这些信息，导致最后狼真来了的时候没能去救，从而酿成了悲剧。可能人们会认为，是放羊娃自己做错了事，是他自作自受。但是，如果将谎言换成警报，又会怎样呢？

　　将放羊娃的"不好啦！狼来啦"换成"下大雨啦！大家注意河水泛滥"。就像放羊娃的"狼来了"谎言一样，虽然每次都发警报，但河水并没有泛滥。放羊娃一旦从雨势、云的样子推测出可能会有大雨，就会喊"下大雨啦！大家注意河水泛滥"。村民们渐渐地习惯了"下大雨啦！大家注意河水泛滥"，在"村民辞典"中，也会加入"当放羊娃这样喊的时候，并不用做任何准备"的内容。于是，当放羊娃再次发出警告，"下大雨啦！大家注意河水泛滥"，谁都不会作出回应。

　　就算河水真的泛滥了，村民们也会将那句"下大雨啦！大家注意河水泛滥"误认为是"怎么又来了"，而将其当作耳旁风。如果是这样的话，那结果会怎样呢？在没做任何防范工作的情况下，泛滥的洪水会带来一场大灾难。对于地震等避险通知，人们也会觉得反正肯定没事，不会丧命的。还有人会在暴风雨来临时去看海，也是因为对周围人说那里很危险太习以为常了。

　　当你觉得肯定没事的时候，切记再想一想"万一"，这正是我们进行思维实验的重要性所在。如果这一次"不好啦！狼来啦"是真的，后果将会非常严重。听到呼喊声时，至少留心分辨一下这次的声音和平时的声音是否不太一样，如果可以，最好还是去看一下……

　　"下大雨啦！大家注意河水泛滥"，大自然随时都有可能露出凶险的真面目。想想如果河水真的泛滥了，在毫无防备的状态下，你能保证自己平安无事吗？"请系上安全带"。想一想如果不系安全带，万一遇到强烈的撞击，人肯定会被甩出车外。与其说《狼来了》这个故事是在告诫人们"不能撒谎"这个通俗易懂的道理，不如换一个角度来看其中所蕴含的深刻含义，即如果过于习惯某种信息，就会漏掉重要的问题。这可以为已经是成年人的我们提供另一种教训。

👉　如果我们过于习惯某种信息，会漏掉重要的问
思考　题吗❓

杀手与谎言

什么样的谎言能够被原谅?

　　你的好友埃德温时隔多年来到你家。"我被杀人犯盯上了……警察现在不管我,请把我藏起来。"你无法拒绝,让他进了家门,他便躲到了房间的衣柜里。十几分钟后,一个男人来到你家门前,他一下就把门锁撞开了。开门后,男人问你:"埃德温在吗?"可以肯定的是,这个男人就是追杀埃德温的男子。

　　你会怎样回答这个男人呢?

观点 1

当然是回答"不在这里",除此之外没有其他选择。

在这种情况下,肯定没有人会回答"埃德温就在这里"。如果要对杀手如实说"他就在这里",那就应该在埃德温来的时候,直接告诉他:"如果坏人来了,我会告诉他,你就在这里哦。"既然你已经决定要"包庇"埃德温,就应该偷偷地把埃德温藏起来。在此,让我们深入思考一下"谎言"这个问题。

18世纪著名哲学家伊曼努尔·康德认为,不能撒谎是每个人都要无条件遵守的道德。无论后果如何,人都不可以撒谎。只要不撒谎,你采取的行为就是正确的。如果此时埃德温正藏在你家的衣柜里,请根据康德的观点来回答你会怎么做。

☞ 思考 如果要根据康德的"不能撒谎"观点进行作答,你会怎么做❓

观点2

　　为了不暴露埃德温不得已撒谎的想法是不对的，其实可以说一些不会暴露埃德温的、似是而非的话。比如，我们都五年没见面了。

　　从康德的观点来看，在面临杀手与谎言的抉择时，应该告诉杀手埃德温就在家里。即使最后埃德温被杀死了，你的行为也是正确的。不能撒谎是每个人都要无条件遵守的道德之一，这本身是可以理解的。正如《狼来了》的观点2所说，谎言会扰乱社会秩序。所以，人们都应该将不能撒谎当作必须无条件遵守的道德规范。

　　只是，我们还应该允许例外的存在。如果在特殊的时候也不能说谎，那么只好像观点2那样，说一些会让对方误解的话了。例如，我们至今为止已经五年都没见过面了。"五年都没见过面了"既是真话，又委婉地向杀手传达出"埃德温不在这里"的信息。如果非要告诉杀手一个地点，说一个埃德温只去过一次的地方就可以了。比如"我在车站南面的神社见过他"，这样就不算撒谎了。只不过，关于这些话是否真的不算撒谎，人们各持己见。明明清楚地知道杀手问话的意图，却回答一些让他误解的话，这就不算是撒谎吗？

女："咖啡可以吗？"

男："不要加糖。"

女："好的。"

5分钟后……

女："这是您的黑咖啡。"

男："谁说我要咖啡了。我要红茶。我想喝的是无糖的红茶。"

在这种对话中，谁都会将"不要加糖"理解为"我要咖啡，但不要加糖"的吧。女人肯定会对男人心存怨恨："他让别人误以为是要咖啡，结果却说要红茶。恐怕他是故意让我出错，然后趁机刁难我吧。感觉这个人就是在撒谎。"男人很明显是在诱导女人拿咖啡来。他所要达到的目的与撒谎说"我好想喝咖啡啊"带来的结果是相同的。

由于不想背负撒谎时的罪恶感，却想让对方误解，于是说一些无关痛痒的话来应付，这无疑是变相的撒谎。不过，这似乎可以成为我没有撒谎的有效借口。你怎样看待观点2呢？

☞
思考　故意让对方产生误解的话，与谎言有什么不
同吗❓

> **观点3**
>
> 　　即使撒谎不对，在埃德温被追杀的情况
> 下也可以破例。人的生命没有替代品，所以
> 应该回绝那个杀手说："我不知道啊。"

　　如果埃德温被杀，你应该很难认同"我做的是
对的"吧。正如观点2所说，在这种特殊情况下，
你应该破例帮助埃德温。只不过，即便你说了"埃
德温不在这里"或者"我不知道"，杀手就会乖乖地
离开吗？本来他就怀疑埃德温在这里，所以才会来
敲你家的门。听了你的话后，杀手很可能会说，"你
撒谎，我要亲自搜一下"，然后闯进屋内。这样想
来，那埃德温最后还是会被杀掉，而你因为撒了谎，
又违反了康德说的"每个人都要无条件遵守的道德
规范"。

　　最差的结果是，即使你撒了谎，埃德温还是死了。此时，你会怎么想呢？你会觉得既然这样，还不如不撒谎吗？估计很多人不会这样想吧。大多数人应该会想，无论结果怎样，在那种情境下，都只有撒谎这一个选择，并且当时还可能会用"他不在这里""我不知道"之类的话来回绝杀手。为了方便理解，我们在此先设定"知道结局是埃德温会死去"，然后进行下面的思考。

拥有特异功能的杀手与谎言

即便如此，你也要撒谎吗？

杀手拥有特异功能，可以嗅出埃德温的味道，所以才跟踪到了你家。"追杀我的男人能凭借异于常人的嗅觉找到我。把我藏到衣柜里或许能骗过他……警察不管我，你把我藏起来吧。"埃德温说完便藏到了你家的衣柜中。你用家中所有的除臭喷雾剂把家里全部喷了一遍，试图掩盖埃德温的气味。然而，杀手还是无情地出现在了你家门口。你想拖延时间或者劝退杀手，然而杀手并不吃这一套，他只问你一句话："埃德温在你家吗？"

杀手循着味道来到你家，又迅速撞开了你家大门，他坚信埃德温就在你家。你从杀手的面部表情也能察觉到这一点。无论你如何回答，他都会闯入你家屋内，去抓埃德温。

当你已经明白事情的结局走向时，你还会说谎吗？

观点 1

　　即便是这样，我也说不出口"他在这里"。估计会说"我不知道"，或者"请回吧"。

　　即使最终埃德温会死，但人们还是会认同观点 1 所说的回答"不知道""请回吧"，觉得这才是正确的做法。这是为什么呢？

　　从逻辑上来看，无论你说什么，埃德温都会被杀死。既然如此，那至少做到不撒谎也是好的，因为不能撒谎是我们的共识。当你说出"不知道"的时候，就已经是在撒谎了，而且也救不了埃德温。既然结局没有区别，那还有撒谎的必要吗？可能你会觉得"不能告诉杀手实话"，但杀手是知道真相的，结果你撒的谎没有任何意义，你想逞英雄也是没用的。

　　在思考这一点时，主要关注的问题是"你当时想怎么做？"如果告诉了杀手埃德温的藏身之地"他就在这里"，代表你是因为"不想说谎"才说了实话。反过来，你明明知道结局，却还是说了"不知道"，就代表你是因为"想说谎"才这样做的吗？非也。你是因为想保护埃德温，所以才撒了谎。即使知道这样做是徒劳的，你也说不出口"他在这里"。

- 自己没有撒谎，结果没能保护好埃德温。
- 自己想保护埃德温，结果却没能成功。

没有保护与没能保护，只有一字之差，意思却完全不同。前者是本来就没有保护的意愿，而后者是希望保护对方却失败了。例如，"明明没想杀死他，他却死了"与"想杀死他，然后他死了"。这两种情况有着天壤之别。虽然结果一样，但因为动机不同，所以给人的印象完全不同。在判决中，有无动机经

即便如此也要撒谎吗？

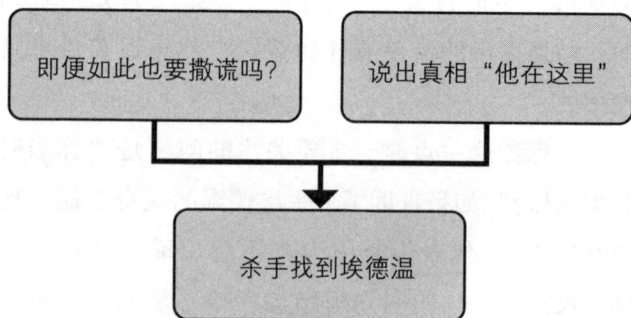

即便如此也要撒谎吗？	说出真相"他在这里"

杀手找到埃德温

如果撒谎也改变不了结果，那么至少没有撒谎也是好的？

常成为争论的焦点。在法律上，有无动机也会影响判刑的轻重。

对于故事中的你来说，动机发挥了非常重要的作用。即使结局相同，但自己有没有保护埃德温的意愿会成为你内心纠结的焦点。你内心有个声音在告诉自己，不能背叛埃德温，不能说埃德温死了也没关系之类的话。如果你遵循这个声音说话，那你的话语中就明显包含了想要保护埃德温的动机。这种动机与谎言会帮助人们守护自己的心灵。

人会因感情而摇摆不定，所以为了保护自己的心灵不受伤害，有时是需要撒谎的。同时，为了拥有健康的心灵，也需要遵守不撒谎的原则，但这是一个没有绝对正确答案的开放式问题。不过，你的内心应该会构建一个自己认同的平衡界限。你会允许什么样的谎言呢？

思考　撒谎的动机会影响你判断哪些谎言能够被原谅，哪些谎言不能被原谅吗？

芝诺悖论①

两分法

"为了方便思考，我们将马拉松的距离设定为 40 公里……" 宫口的朋友桥谷，很喜欢思考精细而又难解的问题。今天在蛋糕房里，桥谷脑海里盘算着的也是怎样才能用小于且最接近于 3000 日元的钱买到 8 个蛋糕。买完蛋糕后，桥谷便走进了这家咖啡店。桥谷把蛋糕寄存在了蛋糕房的热心店员那里，开始兴致勃勃地思考起难题来。

"假设运动员们先瞄准的是全程的一半，即 20 公里处。"

"你在说什么?" 宫口对桥谷突然冒出来的话感到疑惑，侧着耳朵开始仔细听。

"抵达 20 公里处之后，接下来瞄准剩下距离的一半，也就是全程的 30 公里处。到了 30 公里处之后，再瞄准剩下 10 公里的一半，也就是全程的 35 公里处。"

"接下来就是 37.5 公里处了吧。"

"你说得对，运动员就是这样一直瞄准剩下距离的一半来跑的。如果每次需要的时间都是一样的话，那么他们永远都无法抵达终点。"

"不是啊，如果之后只剩下 1 厘米，那么连一步都不需要，就能到达终点了。"宫口并没有理解桥谷说的话，而是从现实角度出发提出了自己的观点，但问题的重点似乎并不在此。

"不可以。届时选手也必须瞄准剩下的 0.5 厘米的一半，也就是 39.999995 公里处来跑。这样一来，永远会有没跑完的距离！也就是说，选手必须通过无数个点。"

"你……在说什么?"

"我在说芝诺悖论。必须通过无数个点的跑步选手，在经过每一个点时，肯定需要一点时间。但是要通过无数个点，那就需要无限的时间。这可是无限的时间哦，所以选手肯定到不了终点。要不，我再举个身边的例子吧。"

"嗯，好的。"

宫口虽然已经有些厌倦了，但是不知道怎么做才好，所以只能听桥谷继续说下去。

"比如你面前有个正方形的羊羹。"

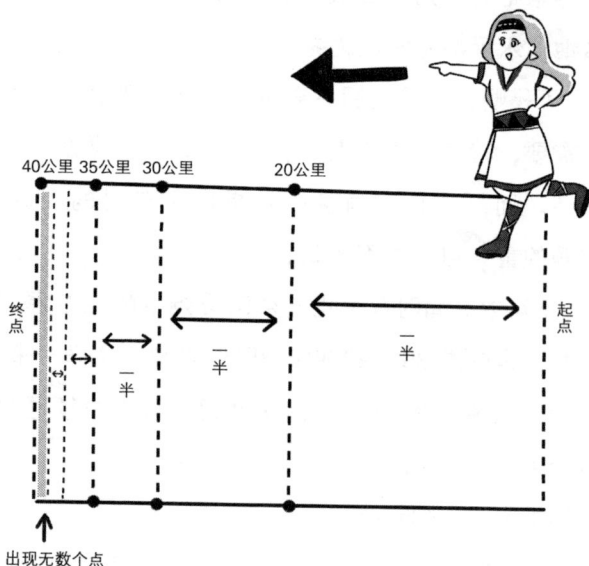

終点

40公里 35公里 30公里 20公里

起点

一半

一半

一半

一半

出现无数个点

"嗯。"

"在全部吃完之前，要先吃一半。"

"全部吃完前肯定需要先吃掉一半。"

"但在全部吃完前，要先吃掉一半的一半。"

"就是四分之一对吧。嗯，确实如此。"

桥谷紧盯着宫口，继续说道："如果不停地再分一半、再分一半，那么这个一半的点永远都会存在……"

"那不是没法吃了嘛!"

"……正是这样。因为出现了无数个点，每个点都需要一点时间，所以连吃这个动作都无法开始了。"

宫口想了一下又说："但是……可以这样吃吧。"宫口假装眼前有一块羊羹，做了一个吃的动作。

"不是这个意思，我是想让你来反驳我嘛！并不是说实际上能不能吃之类的。"

你能驳倒桥谷吗?

上面这个话题是有名的芝诺悖论之一。芝诺生活在古希腊的埃利亚城邦，是一位活跃在公元前5世纪前后的哲学家。芝诺的假设是，要通过一定的距离，需要先通过其中一半的距离，然后再分一半、再分一半，这样无限分下去，就会出现无数个点。

　　当然，芝诺并非故意提出类似无法吃羊羹的这种奇怪论题，他只是想在对方观点的基础上构建新的话题，然后再提出反驳，证明对方的观点中存在矛盾。下面我们将围绕芝诺悖论的四个论题展开思考。这四个故事有相通之处，如果能想明白一个，将有助于我们理解全部四个故事。

　　先是刚刚说的两分法。

观点 1

　　虽然不知道桥谷想说什么，但即使永远平分下去，也会如宫口所说，是能够到达马拉松终点的，也是能够吃到羊羹的。

　　观点1故意忽视了桥谷"不是这个意思，我是希望你来反驳我"的想法。更准确地说，观点1完全没有理解这个故事到底在说什么。一般来说，马拉松选手只要中途不弃权就能跑完全程。对眼前的食物无从下口，也显而易见是不可能的。

　　但是如果你遇到如下情况，估计就很难反驳了。假设你从二楼下到一楼，如果两层楼之间有 16 级台阶，那么你在下楼的过程中肯定要经过中间的 8 级台阶，在这 8 级台阶之前，你先要经过 4 级台阶，然后在这 4 级台阶之前，你先要经过 2 级台阶，在这 2 级台阶之前是 1 级台阶，再之前则是第 0.5 级台阶，再之前……这样可以永远细分下去。阶梯上存在无数个点，那么通过无数个点就需要无限长的时间。如此一来，你就能明白为什么迈不开脚下楼了。也就是说，我们可以得出这样一个结论：行动本身是不可能的。

👉 因为在抵达终点之前会有"无数个点"，所以
思考　需要的时间也会"无限长" ❓

抵达终点前有"无数个点"。

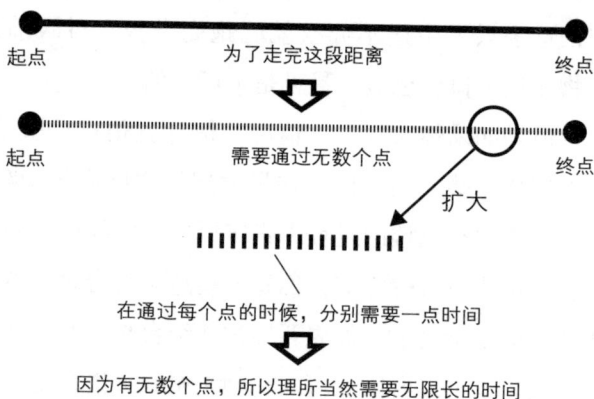

起点 ●━━━━━━━━━━━━━━━━━━━━━● 终点

为了走完这段距离

⬇

起点 ●·····················● 终点

需要通过无数个点

扩大

▮▮▮▮▮▮▮▮▮▮▮▮▮▮

在通过每个点的时候,分别需要一点时间

⬇

因为有无数个点,所以理所当然需要无限长的时间

观点 2

　　如果每到达马拉松"一半距离的地点"时,就按一下相机的快门,那么确实要永远按下去,也就是说,选手永远无法抵达终点。当然,这种高速连拍实际上是做不到的。然而,实际上选手最终是会到达终点的。是在拍到第几张时到达的终点呢……这就难以判断了。因为在现实中,终点是可以到达的,所以这种两分法应该是哪个环节出错了。

　　每到达一个"一半距离的地点"时就按一次相机快门，那么剩下的距离中有无数个一半，快门就要永远按下去。换句话说，运动员们将无法到达终点。

　　那么"在拍到第几张时到达终点"的答案就只能是第无数张吧。在这里，将"按快门"的动作当作无数点中每一个点所需要的时间，更便于理解。这个视角在寻找反驳意见时非常必要。

☞ 如果从其他角度来思考"无数个点"所需要的
思考　时间呢？

观点 3

　　1/2+1/4+1/8+……这么一直加下去的话，不是会变成 1 吗？那就意味着能够到达终点。

　　将马拉松的全程距离看作 1，选手先瞄准 1/2 处的距离，然后是 1/4 处……将这个不断继续的过程用算式表达出来的话，会得到以下结果：1/2 + 1/4 + 1/8+……一直加到无限，最终会以 1 收尾，就好像这些数字被 1 吸进去了一样。换句话说，数字计算的最终结果是 1。

如此来看，就算通过无数个中间点，在计算上也是可以到达终点的。但是，这里有一个微妙的问题，即在跑完 40 公里的时候，运动员们通常都会举起双手冲过终点线。也就是说，他们至少会超过终点一步。但是如果按照"1/2+1/4+1/8+……＝1"的原理，那么运动员们连终点之后一百万分之一毫米的地方都到不了，这太不合理了。

最终，从"无数个点"和"无限时间"的角度来思考的话，还是无法破解这个矛盾。那么，接下来我们稍微改变一下思考的角度。

👉 从"无数个点"和"无限时间"的角度来思
思考 考，还是无法破解矛盾吗❓

观点 4

> 如果认可这无数个点中的每个点之间都有一定距离的话，那么这个距离也会变得无限大。但是，实际上距离只有 40 公里。

芝诺认为，通过无数个点需要无限长的时间。这就意味着，"因为无数个点的点与点之间会有一定的距离，那么最终的总距离也就成了无限长，所以自然就能得出通过无限的距离需要无限的时间这一结论。

但是，距离并不是无限的，而是只有 40 公里。如此一来，时间也肯定会被有限的数字所限定。比如，这里有一个土豆，现在将土豆切成碎末。无论这些碎末有多小，加起来还是一个土豆。就算把土豆切成无限小的碎末，也不代表因为每个碎末都有一定体积，所以土豆变成了无限大。土豆碎末合起来，还是原来的那一个土豆，显然三分钟就能把它吃完。

吃这个土豆也不会需要无限长的时间才能吃完。同样，无论将 40 公里怎样细分，总距离都是 40 公里，并不需要无限长的时间来跑完。下面，我们再来看《阿基里斯与乌龟》的故事。这是芝诺悖论中最著名的一个故事。

👉 跑完"有限的距离"不需要"无限的时间" ❓
思考

芝诺悖论②
阿基里斯与乌龟

"桥谷你看，我找到了这个。《阿基里斯与乌龟》，你知道这个故事吗？虽然阿基里斯不可能追不到乌龟，但这个故事的解说却毫无破绽……"

"原来如此，《阿基里斯与乌龟》啊。那我先看一下故事吧。"

在阿特奈小镇，有一个男子叫阿基里斯，他最引以为豪的是跑得快。有一天，一个衣着光鲜的男人出现在阿基里斯面前，对他说："你要不要和乌龟来一场比赛？"

"这种明知结果的比赛有什么意义？"阿基里斯不假思索地反问道。

男人却微笑着娓娓道来："你们比赛150米吧，结果如何还不知道呢。不过要给乌龟作个让步，让乌龟从100米的地方开始跑。也就是说，乌龟只跑剩下的50米。"

听到这些，阿基里斯难以置信地摇摇头。"只让它 100 米的话，我马上就能追上，150 米的比赛我稳赢。"

"……不不不，请你稍微想一想。"衣着光鲜的男人继续说道，"假设你们两个现在开始跑，你先到达的是乌龟出发的地方。"

"嗯。"

"假设那个地点为 A，当你到达 A 处的时候，乌龟在哪里呢？"

阿基里斯认真地回答道："乌龟已经出发了，所以肯定在前面的某个地方啊。"

男人看起来对这个回答很满意，继续说道："正如你所说，乌龟在前面的 B 处。然后你接着跑，到达了 B 处，那此时的乌龟在哪里呢？"

"在稍微前面一点的地方。"

"说得对，乌龟在前面的 C 处。如此继续跑下去，你又分别经过了 D、E、F 等处，那当你到达 K 处的时候，乌龟在哪里呢？"

"L 处。"阿基里斯立刻回答道。渐渐地，他的表情也开始黯淡下来，似乎明白了男人的意思。

"看来你明白了啊。如果这样一直继续下去，乌龟会一直在你前面不远处，而且永远如此。"

"……但是，结果肯定是我赢啊……可是为什么，你的思路听起来也挺合理的呢……"

"那你能反驳我一下吗?"

阿基里斯陷入了沉思，他完全找不到突破口。

"阿基里斯肯定永远追不上乌龟。无论到什么时候，乌龟可一直都在阿基里斯的前面哟。"

"桥谷，换一个角度或许能找到突破口哦。"

为什么阿基里斯追不上乌龟呢?

观点 1

阿基里斯到达 K 处的时候，乌龟确实在 L 处，而且会一直这样持续下去。但是，阿基里斯与乌龟之间的距离是渐渐缩小的，所以，他最终会追上它。

一般来说，人们的思路都会像宫口这样，认为"阿基里斯一定能追上乌龟，所以《阿基里斯与乌龟》这个故事肯定是在哪个环节出错了"。至于到底是哪里奇怪，却又说不出所以然来，这就叫悖论。

观点 1 认为的"最终会追上"确实正确，但如果解释不清楚为什么能追上，我们就无法推翻这个悖论。在前文两分法的观点 3 中，得出了"最终会到达终点"的计算结果，那么在《阿基里斯与乌龟》中，是否也能这样处理呢？

按照观点 3 的推算方法，"阿基里斯与乌龟之间的距离"会渐渐缩短，最终变成 0，只是，阿基里斯却无法超过乌龟。因为阿基里斯肯定会超过乌龟，所以只推算出 0 的结果并不等于就解决了这个问题。

观点 2

> 我觉得事实是这样的：假设阿基里斯每秒跑 11 米，而乌龟只爬 1 米。如此一来，阿基里斯每跑一秒，他与乌龟之间的差距就会缩小 10 米，阿基里斯只需要 10 秒钟就能追上乌龟。

阿基里斯在乌龟后面 100 米的地方起跑。为了方便计算，我们假设阿基里斯比世界冠军跑得还快，即 1 秒钟跑 11 米，然后把乌龟的速度也提高到 1 秒钟爬 1 米。这样一来，阿基里斯会以每秒 10 米的速度接近乌龟。10 秒后，在 110 米的地点，两人就能并排跑。在下一个瞬间，阿基里斯就能超过乌龟，这是无法推翻的事实。

通过这种计算，当然可以看出阿基里斯会超过乌龟。但是，这样也无法推翻悖论，还必须指出《阿基里斯与乌龟》这个故事的奇怪之处。

☞ 思考　虽然通过计算可以得出阿基里斯会超过乌龟的结果，但如何推翻悖论呢❓

观点 3

这个悖论只对追上之前所用的 10 秒钟进行了细分。与马拉松的例子一样，追上乌龟的距离是一定的，若将其不断细分，就会得出追不上的结果。

两分法将 40 公里分成了无数个点，认为通过这些点需要无限长的时间。同样，将这个方法应用到阿基里斯与乌龟身上，那么只要在追上乌龟之前的 10 秒钟，即在阿基里斯需要通过的 110 米中设置无数个点的话，就会给人一种永远也追不上的错觉。也就是说，悖论只关注到了阿基里斯在乌龟后面的那 10 秒，然后将其不断细分。就比如，摄像机记录了 A 先生即将完成拼图之前一段时间的样子，B 先生看到这段录像后，说："无论历时多久，这幅拼图都拼不完。无论看多少遍，也还是拼不完。"对此，A 先生肯定会这样回答："这个视频结束后立刻就完成了，只看视频当然看不到完成的那个瞬间。"

阿基里斯也一样。只看追上乌龟之前的那段时间，阿基里斯肯定是无法超越乌龟的。如果说阿基里斯在追上乌龟之前就已经超越了乌龟，这才真的是莫名其妙。所以，不能只关注和细分追上乌龟之前的时间，还要看到追上并超越乌龟的时间。

☞ 这个悖论只是细分了追上之前的"有限距
思考　离"吗❓

芝诺悖论③
飞 矢

"再听我讲一个故事吧。"桥谷还想继续他的高难度话题。

"反正我现在没事儿，你讲吧。"或许是知道阻止也没用，宫口直接选择继续听讲。

"想象一下我们现在站在射箭场，一名射手射出了箭，那么在下个瞬间，箭会怎样呢?"

"那当然是射中靶子了，比如十环!"

"不是。箭没有到达靶子，而是停住不动了。"

"怎么会……桥谷……箭是不可能飞到中途停在那里不动的。"

"你想象一下箭飞出去的轨迹。如果只看其中一部分的话，比如在 0.03 秒左右的时间以内，可以说箭基本上是没动的。"

"嗯，算是吧。"宫口按照桥谷所说的想象了一下，回应道。

"然后再把它进一步细分来看，只看很短的一段时间，会变成什么样子呢? 只要箭还在飞就再细分，那么到最后，箭只能是停止的状态了。因为只要它稍有移动，就继续细分，这样无限细分下去，最后，箭就是停止不动的了。"

"嗯……无限的。那然后呢？"

"所谓箭停止了，只要有一瞬间是停住的，就不能说它在移动。因为瞬间的完全停止就说明箭本来就没有动。"

"啊……"

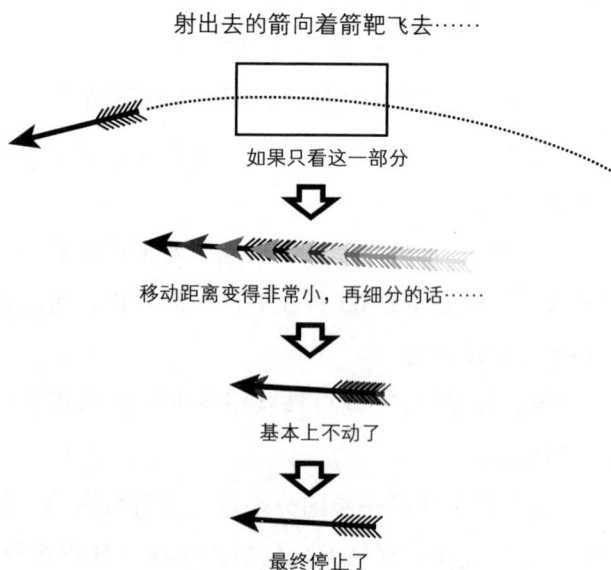

射出去的箭向着箭靶飞去……

如果只看这一部分

移动距离变得非常小，再细分的话……

基本上不动了

最终停止了

"完全停止的箭与'放置不动的箭'一样，就算看上 5 秒钟，箭也不会动的。因为箭是停住了的，所以无论过了 10 秒钟还是 1 小时，箭都绝对不会射中箭靶，因为箭没有动啊。就像本来静止的杯子突然飞向箭靶，肯定会让人大吃一惊，箭也一样。"

宫口听完后觉得头疼。即便自己反驳说"实际上箭就是会射中靶子的"，桥谷也一定会说问题的关键不在这里，并且再加一句"你来反驳我啊"。于是，宫口冥思苦想起来。

请反驳"箭是停止的"这个观点。

观点 1

无论怎样细分，细分的对象都是箭飞行时的一个瞬间。所以，放大 100 倍的话，箭当然是在向前飞行的。

这个观点认为，无论怎样细分，箭都在一点点向前飞行，所以放大 100 倍后，就能明显看到箭向前飞行的证据。但是，这样仍然没有解决问题。因为，如果箭还在一点点向前飞行，那么就可以再进行细分。只要有"移动"，就可以无限细分下去。"细微的移动"并不能作为推翻悖论的武器。

👉 "无限细分"这个观点很棘手吗？

思考

观点 2

细分到完全停止是不可能的。

这个观点认为，无论再怎样细分，都不会出现停止的情况。就算如观点 1 所说的那样，只要有细微的移动就继续细分，细分永远也不会停止。

但是在实际生活中，"无限"的世界本来就难以捉摸，"无限细分"在实际操作中并不现实，所以从常识出发来思考这个问题，是不可行的。

同两分法、《阿基里斯与乌龟》的情况一样，这个悖论是因为最后得出了"完全停止"的结论，所以才认为箭是完全停止的。

👉 如果"无限细分"下去，会"完全停止"吗❓

思考

观点3

当箭完全静止时，射手、鸟、云也都会静止，也就是说，变成了一张照片。无论物体移动的速度多么快，被拍摄成照片后，就成了静止的事物。给别人看照片时，对方也会理所当然地认同这是"静止的"，如果是移动的，那才有问题。

只有魔法才能让照片中的箭移动。也就是说，如果箭完全停止了，那这个情景就相当于一张照片。在一个射手、鸟、云、电车和人都不移动，一切都

停止的世界中，箭肯定也是停止的。那么，这会是
怎样一种状态呢？

　　这是"时间"停止的状态。如果时间停止，那
么所有物体都不会移动，射手射出的箭当然也不会
移动。也就是说，"箭停止了，就意味着时间也停止
了。所以，就算放大 100 倍，箭也不会动。只有当时
间再次流动时，箭才会飞起来"。

　　☞ 箭停止了，意味着时间也是停止的。这是不可
思考　能的吗❓

　　接下来，我们将讨论芝诺悖论四部曲的最后一
个。不过，关于这个"竞技场"的故事能否说成是
悖论，人们有不同的看法。所以，在此只作简单介
绍（为了更好地理解"竞技场悖论"，下文将故事发
生的场景替换成了"电车"）。

竞技场

"宫口，我给你讲讲第四个芝诺悖论吧。"

"又是一个难题吧？真是拿你没办法，你讲吧。"

桥谷边画图（下图）边向他解说："如图所示，假设自己乘坐的电车是B，从左边窗户和右边窗户分别看外面的列车，从哪边窗户看到的列车会更快地驶过？"

对于这个非常简单的问题，宫口张口说道："当然是右边的窗户了。因为电车C是迎面行驶过来的电车，很快就会开过去。"

"你的意思是说，右边窗户外与左边窗户外的时间流动速度是不一样的？"

"你这么说未免有些牵强……"宫口有些跟不上桥谷的强词夺理，而桥谷像是要消除宫口的困惑一样，接着说道："宫口，时间转瞬即逝，很多时候我们都意识不到。但是，如果将时间细分、再细分，可能就会出现最小单位的时间。所以，如果像《阿基里斯与乌龟》那样，将时间无限细分下去，就会出现矛盾，难道不是这样吗?"

"嗯……或许也可以这么说。"

"既然如此，那我们就可以将这列电车比喻成时间。"

桥谷指着画上的车辆，继续说道:"将这列电车看成是时间的最小单位。嗯……也就是把这个图上的一节车厢当作时间的最小单位。"

"然后呢?"

时间流逝的速度因不同窗户而发生变化

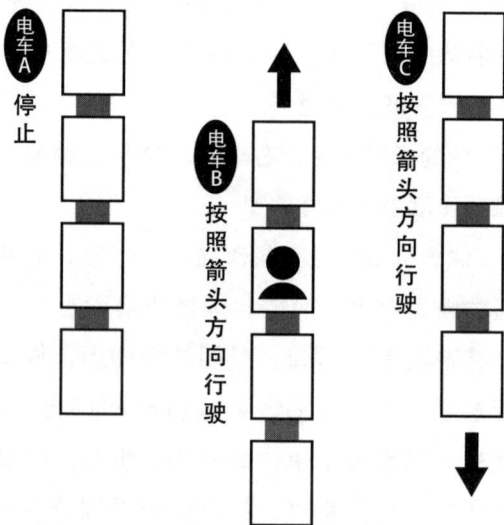

电车A
停止

电车B
按照箭头方向行驶

电车C
按照箭头方向行驶

"接下来就会发生奇怪的事情。从右边窗口看到一节车厢通过的速度是左边窗口的 2 倍。换言之，从右边窗户看到的列车通过时间只有左边窗户的 1/2。"

宫口好像明白了桥谷的意思。"原来是这样啊。本来已经设定好了时间的最小单位，却还会出现最小单位的 1/2 的时间。也就是说，时间可以一直细分下去。"

"虽然不知道这是否就是芝诺想说的，但是他通过观察左右两边的窗户，试图将两者之间的差别建构成悖论，这一点很有趣。当然，公元前并没有电车啦。"

至此，我们介绍了芝诺的四个悖论。可以看出，芝诺是一个擅长通过设置陷阱来扰乱对方思维的哲学家。时至今日，还有很多人饶有兴趣地讨论着芝诺悖论。特别是《阿基里斯与乌龟》，这个故事的设定非常有趣，是芝诺悖论中最有名的一个。

一边改变视角、激发想象力，一边探索推翻悖论的线索，这是非常好的思维训练。这个思维训练教会我们这样一个道理：经常质疑"这样就真的是对的吗"非常重要。